主要灵芝种类

段木栽培的赤（灵）芝

段木栽培赤（灵）芝（干品）

段木栽培的紫（灵）芝

段木栽培紫（灵）芝（干品）

段木栽培的松杉灵芝

段木栽培松杉灵芝（干品）

段木栽培的白肉灵芝

段木栽培白肉灵芝（干品）

灵芝主要栽培方式

赤（灵）芝段木栽培

紫（灵）芝段木栽培

白肉灵芝段木栽培

松杉灵芝段木栽培

仿野生灵芝树桩栽培

赤（灵）芝代料栽培

紫（灵）芝代料栽培

白肉灵芝代料栽培

赤（灵）芝代料栽培生长过程（含孢子粉收集）

原基形成阶段

菌盖形成阶段

幼小阶段

旺盛生长阶段

菌盖生长圈消失阶段

菌盖成熟期（孢子开始释放）

封闭培养架收集孢子粉

培养架内待采收的灵芝和孢子粉

赤（灵）芝段木栽培生长过程（含孢子粉收集）

原基形成阶段

菌盖形成阶段

菌盖旺盛生长阶段

菌盖生长圈消失阶段

菌盖成熟阶段

套袋收集灵芝孢子粉

待采收的灵芝和灵芝孢子粉

子实体晒干

紫（灵）芝林下仿野生栽培实践（广东梅州）

切段、装袋

常压灭菌

接种

菌丝培养

场地选择（荫蔽度大于75%）

整地挖沟消毒

菌包开袋覆土栽培*

栽培管理（喷水增湿）

子实体生长初期

子实体旺盛生长期

子实体成熟期

紫（灵）芝子实体（晒干）

*：覆土栽培1次，可以连续收获3～4年，每年收获2批产品。

赤（灵）芝孢子粉收集方式及孢子粉形态

封闭培养架收集灵芝孢子粉

封闭小棚收集灵芝孢子粉

套袋收集灵芝孢子粉　　　　　风机收集灵芝孢子粉

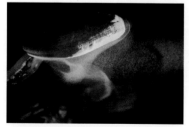

灵芝孢子粉释放（释放呈粉尘状）　　未破壁灵芝孢子粉　　破壁灵芝孢子粉

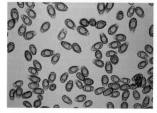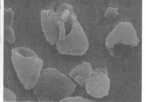

光学显微镜下未破壁灵芝孢子粉　　电子显微镜下的未破壁灵芝孢子粉（左）和破壁灵芝孢子粉（右）

广东灵芝栽培集中制包、分散出菇流程

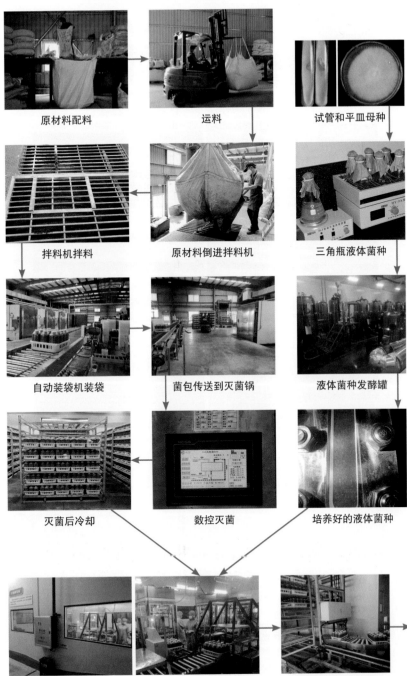

原材料配料

运料

试管和平皿母种

拌料机拌料

原材料倒进拌料机

三角瓶液体菌种

自动装袋机装袋

菌包传送到灭菌锅

液体菌种发酵罐

灭菌后冷却

数控灭菌

培养好的液体菌种

自动接种机接种

接种后菌包传送

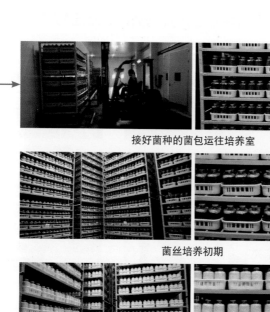

接好菌种的菌包运往培养室

菌丝培养初期

菌丝培养成熟期

菌包运输（气温低时可以普通运输） 菌包运输（气温高时要用冷藏车运输）

人工调控周年出芝管理　　　大棚内多层叠堆出芝管理　　　闲置仓库地面叠堆出芝管理

专用出菇网格摆放出芝管理　　　活体盆景灵芝栽培出芝管理　　　待采收的灵芝孢子粉

灵芝盆景栽培

微型活体盆景灵芝

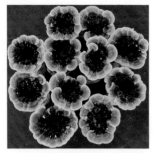

白肉灵芝花

多包拼接盆景栽培

大菌包培养基盆景栽培

艺术灵芝盆景

根雕艺术灵芝盆景

灵芝盆景

新时代乡村振兴丛书

何焕清◎主编

灵芝

高效栽培及孢子粉收集技术

SPM 南方传媒

广东科技出版社
全国优秀出版社

·广州·

图书在版编目（CIP）数据

灵芝高效栽培及孢子粉收集技术 / 何焕清主编. —广州：广东科技出版社，2023.3 （2023.10 重印）
（新时代乡村振兴丛书）
ISBN 978-7-5359-7963-6

Ⅰ．①灵… Ⅱ．①何… Ⅲ．①灵芝—栽培技术
Ⅳ．①S567.3

中国版本图书馆CIP数据核字（2022）第182221号

灵芝高效栽培及孢子粉收集技术

Lingzhi Gaoxiao Zaipei ji Baozifen Shouji Jishu

出 版 人：严奉强
责任编辑：于 焦 区燕宜
封面设计：柳国雄
责任校对：于强强
责任印制：彭海波
出版发行：广东科技出版社
　　　　　（广州市环市东路水荫路11号 邮政编码：510075）
销售热线：020-37607413
https://www.gdstp.com.cn
E-mail：gdkjbw@nfcb.com.cn
经　　销：广东新华发行集团股份有限公司
排　　版：创溢文化
印　　刷：广州市东盛彩印有限公司
　　　　　（广州市增城区太平洋工业区太平洋十路2号 邮政编码：510700）
规　　格：889 mm×1 194 mm　1/32　印张4.125　字数100千
版　　次：2023年3月第1版
　　　　　2023年10月第3次印刷
定　　价：30.00元

何焕清，广东省农业科学院蔬菜研究所研究员，1987年毕业于中山大学生物系，一直从事食药用菌资源收集、良种选育、高效栽培技术研究和推广工作。中国食用菌协会常务理事、广东省食用菌行业协会副会长、广东省食用菌产业技术体系岗位科学家、梅州市灵芝虫草行业协会专家委员会主任委员，曾被中国食用菌协会授予"全国小蘑菇新农村先进工作者"称号。主持和参与的国家级、省级及其他各级科研项目累计50多项。获包括广东省科学技术进步奖二等奖在内的省级、市级科技成果奖6项。获国家授权发明专利6项、实用新型专利4项，发表论文60多篇，出版著作20部。

林新，梅州市农林科学院微生物研究所所长、正高级农艺师，长期在科研和技术推广一线工作。梅州市生态农业研究方向学术带头人和微生物科研创新团队技术带头人，梅州市灵芝虫草行业协会专家委员会副主任。曾被授予"广东省脱贫攻坚突出贡献个人""广东百名优秀第一书记（驻村扶贫）""广东省优秀农村科技特派员"等称号。主持或参与国家级、省级、市级科研项目30多项，获国家级、省级、市级奖励17项，获授权专利2项、软件著作权登记7项等，发表论文60多篇。

　　黄清华，韶关市星河生物科技有限公司董事长，广东省第十四届人大代表，清华大学经济管理学院高级管理人员工商管理硕士（EMBA）。自1998年以来一直从事金针菇、杏鲍菇、真姬菇、白玉菇等食用菌工厂化栽培和企业管理。主持和参与国家级、省级、市级科研项目共17项，探索出具有广东特色的集中制包、分散出菇、联农带农食用菌高效栽培模式，获国家发明专利1项、实用新型专利35项，获省级、市级科技进步奖5项。

　　黄育江，湛江市农业科学研究院金秋食用菌科学研究所所长、高级农艺师，长期从事食用菌等农作物的科学研究和新品种、新技术示范推广工作。广东省食用菌行业协会会员，主持和参与省级、市级项目10多项。获广东省农业技术推广奖一等奖1项、二等奖1项，获实用新型专利1项，发表论文20多篇，出版著作6部。

　　灵芝是我国中药宝库中的珍品，自古以来就被视为"仙草"，早在2 000多年前的《神农本草经》和明朝的《本草纲目》中就有记载。现代研究表明，灵芝具有提高免疫力、抗肿瘤、抗氧化和清除自由基的作用，对放射治疗及化学疗法造成的器官损伤有修复作用，对神经系统、心血管系统、呼吸系统、消化系统、内分泌系统的作用也日益被国内外医学界重视。我国学者提出的灵芝"扶正固本"的作用与其能够增强机体重要器官的功能、调节机体的"神经–内分泌–免疫网络"、促进机体内环境稳定（即稳态调节作用）等有关，调节人体平衡是灵芝保健功效的基础。

　　据文献记载，公元1世纪，我国已有灵芝栽培记述。我国现代的灵芝子实体栽培和深层发酵培养灵芝菌丝体始于20世纪50年代末至60年代初；1974年已有赤（灵）芝孢子粉制剂治疗萎缩性肌强直的临床观察，证明在20世纪70年代初已有收集孢子粉的灵芝栽培；1980年植物杂志刊登了灵芝盆景栽培的文章，证明当时已有以观赏为目的的灵芝栽培。目前，灵芝栽培已遍布全国各地，栽培品种的种性和栽培技术都取得了很大进步，加工产品也逐步多元化，我国成为全世界灵芝栽培生产和消费较多的国家。随着相关政策的出台和实施，我国灵芝产业将迎来新的发展机遇。

　　本书共六章。第一章介绍了灵芝的种类、形态特征、分布、生长基质、生活史、生长发育条件；第二章介绍了灵芝栽培技术，详细叙述了灵芝代料栽培、段木栽培、树桩栽培、盆景栽培技术；第三章介绍了小拱棚收集法、风机吸收法、套袋收集法、封闭培养架收集法及发展历程；第四章介绍了以新鲜子实体为销售目的、以收获普通干品为目的、需要收集孢子粉的灵芝、灵芝盆景的采收方法；第五章简单介绍了灵芝有效成分及其药理作用；第六章详细介绍了常用的灵芝食用方法及注意事项。本书还以附录的形式介绍了灵芝母种、原种、栽培种及液体菌种制作技术。

本书是作者团队在试验研究、技术推广及生产工作经验总结基础上，参阅同行专家学者的有关著作、论文编写而成。本书的出版得到陈体强研究员、韩省华老师、李朝谦老师、周姗女士、邱远辉先生、杨秋明先生、史彦昌先生、梁涛先生、陈郁先生等人提供照片供参考选用等帮助，特此一并致谢！

由于作者学识所限，本书难免有疏漏和欠妥之处，恳请读者批评指正。

编　　者

2023年1月

第一章　灵芝的种类及生物学特性

一、灵芝的种类

（一）分类学角度的灵芝种类

平常谈论灵芝，通常有概念上的广义和狭义之分。广义概念的灵芝通常是指灵芝科（Ganodermataceae）的所有种类，其是十分重要的真菌类群，也是世界广泛分布的类群；狭义概念的灵芝通常是指被《中国药典》收录、作为法定中药材的赤芝（*Ganoderma lucidum*）或紫芝（*G. Sinense*）的干燥子实体（"赤芝"也常被称为"赤灵芝"，"紫芝"也常被称为"紫灵芝"）。灵芝科在分类地位上属于真菌界（Myceteae）、担子菌亚门（Basidiomycotina）、层菌纲（Hymenomycetes）、非褶菌目（Aphyllophorales）。灵芝科中许多种类具有重要的经济价值。1980—2000年，赵继鼎研究员系统地研究报道了中国灵芝种类。在2000年出版的《中国真菌志·灵芝科》中收录4属：灵芝属（*Ganoderma*）、假芝属（*Amauroderma*）、鸡冠孢芝属（*Haddowia*）和网孢芝属（*Humphreya*），共98种灵芝。截至2005年，已报道的中国灵芝科种类共4属103种。灵芝属是灵芝科中最重要的一个属，是国内外著名的食药用真菌及木材腐朽菌，具有重要的经济价值和科研价值。

据报道（北京林业大学植物微生物最前线，2022年7月3日），北京林业大学崔宝凯教授团队与国内外同行、专家合作，对世界范围内的灵芝科真菌物种进行了多样性和系统学研究，并重点对中国的灵芝真菌种类进行了分析。通过总结分析，科研团队确认了灵芝科目前包含14属278种，其中中国分布59种。研究结果提高了世界范围内人们对灵芝科真菌的物种多样性的认识，更新了灵芝科真菌的分类体系，为今后开展灵芝科真菌野生种质资源的保护、开发与利用提供了基础。

随着资源调查的逐步深入、细化及分类研究方法的改进，灵芝科的种类更加明确,将会有更多新的灵芝种类被发现并报道。

我国灵芝资源丰富,已有不少种类被用于商业或作为野生资源被采集利用,也有许多种类用于实验室开发研究材料,为灵芝造福人类提供了宝贵的基础材料。

(二)法定可用作中药材、保健食品原料及既是食品又是中药材物质的灵芝种类

2000年版《中国药典》中承认灵芝的药用价值,作为我国法定中药材的是赤芝和紫芝的干燥子实体。

卫生部(现国家卫生健康委员会)2001年发布的《可用于保健食品的真菌菌种名单》中,有3种灵芝科真菌:赤芝、紫芝和松杉灵芝。

2019年11月25日,国家卫生健康委员会、国家市场监督管理总局发布了《关于对党参等9种物质开展按照传统既是食品又是中药材的物质管理试点工作的通知》(国卫食品函〔2019〕311号),把赤芝、紫芝子实体列入其中。

2021年1月29日,国家市场监督管理总局发布关于《辅酶Q_{10}等五种保健食品原料备案产品剂型及技术要求》的公告(〔2021〕4号),自2021年6月1日起施行。用作保健食品原料的破壁灵芝孢子粉为真菌赤芝、紫芝、松杉灵芝的成熟孢子,经灭菌(辐照灭菌和湿热灭菌等灭菌方法)、干燥、低温物理破壁、过筛制得。

(三)中国古代的灵芝种类推想

我国古代著作对灵芝种类有各种描述,比较有代表性的是《神农本草经》,此书按灵芝的颜色把灵芝分为紫、赤、青、黄、白、黑六类。《本草纲目》中对"六芝"的性味、功能皆有详细的描述。根据记载分析,"芝"的种类很多,本草以"六芝"标名,说明归纳为六类,而不是六种,但是每一类中都应有它的代表种类。以现代菌类分类系统为基础,参照古籍中"六芝"的记载,中国科学院微生物研究所研究员、中国灵芝分类专家赵继鼎先生考证,古代"六芝"可能对应的现代学名如下:"赤芝"对应当代一般所说的灵芝,为此类的代表种;"紫芝"对应紫(灵)芝,为此类的代表种;"黄芝"对应硫黄菌(*Laetiporus sulphureus*),可能为此类的代表种;"白芝"对应苦白蹄(*Fomitopsis officinalis*),可能

为此类的代表种；"黑芝"对应假芝（*Amauroderma rugosum*）和黑柄多孔菌（*Polyporus melanopus*），可能为此类的代表种；"青芝"对应云芝（*Coriolus versicolor*），可能为此类的代表种。古代所谓的"六芝"是否皆为灵芝，由于从前只有对外部形态的描述，无标本可供比对，因此以现代的科学研究成果仍无法明确辨认中国古书记载的六色灵芝。

二、灵芝的形态特征

本书描述的灵芝形态包括灵芝菌丝体、灵芝子实体及灵芝孢子的形态特征，分述如下。

（一）灵芝菌丝体

灵芝菌丝体是由许多细胞串连而成的丝状物体，宏观观察到菌丝在斜面培养基上呈贴生，起初菌丝培养物为白色绒毛状，培养皿或试管斜面培养保存时间延长后（生长后期表面菌丝纤维化）会变成浅白色膜状，此阶段活力下降，一些菌丝甚至会呈浅棕色且质地紧实，用于扩大接种时，也不容易分切。显微镜观察菌丝呈无色透明状，具有分隔及分枝，组成灵芝菌丝体的菌丝依其形态和来源可以分为初级菌丝（初生菌丝或一次菌丝）、次级菌丝（次生菌丝或二次菌丝）和三级菌丝（三次菌丝）。初级菌丝是由灵芝孢子萌发生长而成的单倍体菌丝（单核菌丝），在每个细胞内只有1个细胞核，菌丝较细，一般不具有结实性，它是产生可形成子实体的次级菌丝的基础阶段。当两个不同性别的初生菌丝体融合交配后，核质发生变化，细胞核由单核变成了双核，并且形成具有结实性的次级菌丝体。次级菌丝体的生长特征是生长速度快，生长旺盛，能够形成子实体。次级菌丝体生长到一定阶段达到生理成熟后，有些菌丝就会在基质的表面上扭结形成原基，由原基再发育成子实体，这些构成子实体的菌丝就是三级菌丝。三级菌丝的菌丝体结构与次级菌丝体有很大差别：三级菌丝的菌丝体间隙较小，并出现组织和器官的分化，如菌柄、菌盖等。根据其形态及生理功能，可划分为生殖菌丝、骨架菌丝和联络菌丝3种。菌丝体从培养基中吸取营养，供子实体生长发育。

（二）灵芝子实体

自然条件下，灵芝科真菌大多为一年生，少数为多年生。灵芝子实体大小差异甚大：最大的树舌灵芝（G. applanatum），直径可达1米以上；最小的灵芝子实体直径只有2～3厘米；人工盆景艺术栽培的大灵芝直径可超过1米。菌盖的质地为革质、木质或木栓质，形状有圆形、半圆形、马蹄形、漏斗形等，其表面颜色多种多样，有或无漆样光泽，有或无辐射状皱纹与环带。菌肉木材色、浅白色或褐色，子实体腹面有菌管。有柄或无柄，菌柄着生方式有侧生、偏生、中生等。菌柄木栓质或木质，常具坚硬皮壳，有漆样光泽。人工栽培时，由于管理措施和种性的差异，子实体的大小、形状、颜色有很大差异，这为盆景艺术栽培提供了生物学基础。

1. 菌盖

菌盖大小除与品种特性相关外，主要与单个灵芝生长所占有的培养基量的多少及生长环境条件有关，菌盖大的可以超过1米，小的只有几厘米。在合适的环境条件下，灵芝子实体原基从瘤状逐步发育成短鹿角状，赤（灵）芝在此阶段颜色多为金黄色、浅黄色、黄白色，紫（灵）芝为土白色、浅褐色或红褐色。原基逐步生长，在原基顶端形成菌盖，并逐渐长大。随着菌盖的生长，菌盖中间位置颜色逐渐加深，并逐步向边缘发展，从菌盖中心位置到边缘颜色由深变浅。此阶段赤（灵）芝类品种菌盖颜色多以鲜红色为主，有些略带橙黄色，紫（灵）芝为紫红色或紫黑色。菌盖停止生长前，赤（灵）芝菌盖边缘（生长圈）始终保持浅黄色或浅白色，紫（灵）芝菌盖边缘为浅黄色、污白色或紫红色。菌盖停止生长后，成熟的子实体质地为木栓质或木质，表面组织革质化，菌盖为半圆形、近圆形或近肾形，表面有漆样的光泽。赤（灵）芝颜色通常为红棕色、红褐色，紫（灵）芝菌盖表面为紫褐色或紫黑色。各种灵芝菌盖表面几乎都有同心环纹、环沟、环带或放射状纵皱。赤（灵）芝菌盖腹面（有菌孔面）有黄色、浅黄色、浅褐色或浅白色，紫（灵）芝菌盖腹面为浅褐色或淡白色（与品种和成熟度有关）。同一品种灵芝的子实体菌盖形状与生长环境有很大关系。通过改变氧气、二氧化碳浓度可以控制菌柄和菌盖的生长，再加上光照强度和光照方向调节，可以培养出形状各异的灵芝，这就使灵芝造型栽培成为可能。如今灵芝造型栽培已成为灵芝产业的重要组成部分。

2. 菌柄

灵芝菌柄呈不规则圆柱形，有时稍扁且有些弯曲。菌柄侧生或偏生，生长中的2个菌柄一旦接触就很容易合成1个粗的菌柄。菌柄表面有漆样光泽，赤芝菌柄呈紫红色或紫黑色，紫芝菌柄通常为紫黑色至黑色。通常菌柄颜色比菌盖深一些，向光的一侧颜色较深。菌柄的粗细、长短随生长环境条件的不同而改变：营养充足时，菌柄发育较粗，反之，发育较细；在通气良好的条件下，菌柄发育很短甚至无柄，在氧气不足、二氧化碳浓度大时，菌柄发育细长，直至不长菌盖而呈鹿角状。一些灵芝的菌柄很短，看起来似无柄。

3. 结构

灵芝子实体的菌盖由皮壳层、菌肉层及菌管层构成。菌柄由皮壳层、菌肉层构成。它们结构分述如下。

（1）皮壳层。由三层构成。外层是由许多排列紧密、比较粗的菌丝组成。菌丝的尖端向外平行排列成栅状，与菌盖垂直，细胞壁较厚，内充满树脂及色素，构成盖面的颜色及油漆状的光泽。中层是由粗大的厚壁菌丝交织排列而成，菌丝内部有棕红色的树脂质，可使菌盖呈现颜色。盖面颜色呈紫红色的子实体，其中层较厚；发育不够正常、盖面颜色较浅的子实体，其中层较薄。内层是由一些不含有树脂质或色素的菌丝交织组成，其细胞壁也比较厚，是皮壳到菌肉的过渡带。

（2）菌肉层。由一些液泡体积较大的菌丝交织组成，由于这些菌丝排列松散，稀疏地交织在一起，间隙较大，使菌肉呈现出木栓质的特征。菌肉层切面为浅褐色、浅紫色或木色，白肉灵芝菌盖和菌柄切面都是浅白色，放置时间久了呈米黄色或土黄色。

（3）菌管层。由许多平行排列的管状结构组成。菌管壁是由许多菌丝平行排列而成，这些菌丝末端皆膨大如茄（梨）形担子，担子壁很薄，细胞质稠密，内含2个细胞核。随着子实体的生长，担子也逐渐成熟；担子内的2个细胞核相互融合成1个，完成核配，继而连续进行1次有丝分裂，1次减数分裂，产生4个子细胞核。同时，担子小梗呈锥体状，顶端尖，在这个尖顶处又膨大产生1个卵圆形的孢子。当孢子发育成熟后，在孢子与担子小梗尖处产生1个液泡；液泡吸水膨胀至破裂，孢子则被液泡破裂时产生的机械力量释放到菌管的空腔中，并释放出去。

（三）灵芝孢子

灵芝孢子又称担孢子，是灵芝在生长成熟期从灵芝菌盖下面（腹面）释放出来的极其微小的卵形生殖细胞，即灵芝的种子。灵芝孢子的个体非常细小，大小约为8微米×5微米。大量未破壁的灵芝孢子聚合在一起，肉眼看呈棕红色粉末状，足够干燥的未破壁孢子粉用手抓，感觉爽滑，会从指缝滑出；在普通显微镜下，未破壁的灵芝孢子卵圆形，可见孢子里边大部分被半透明浅黄色的油滴占据；在电子显微镜下，可见其个体似卵形，外壁平滑，表面布满小孔，顶端平截处为萌发孔。灵芝孢子外部为双壁结构，未破壁的孢子粉中多糖和三萜类化合物等有效成分被坚韧的几丁质纤维素组成的外壁包围，可以被人体吸收的成分比例较小，因此为了能最大限度吸收灵芝孢子粉的有效成分，需要将灵芝孢子粉用科学方法破壁。经破壁的灵芝孢子粉呈红褐色，比未破壁灵芝孢子粉颜色深，充分破壁的灵芝孢子粉脂肪含量达到25%～30%，甚至更高，用手抓时容易成团，且有油腻感。充分破壁的灵芝孢子粉在光学显微镜下观察，呈粉碎状，电子显微镜观察呈碎片状。

三、灵芝的分布

（一）灵芝生态分布

灵芝科的物种在全世界各大洲均有分布，已超过250个种被描述，其中绝大部分生长在热带、亚热带、温带地区。有报道称中国灵芝科有100多个种，分布广泛，包括台湾在内的全国各地均有分布。在我国，依据南北气候的变化，灵芝分布区可划分为热带区、亚热带区和温带区。各区灵芝的种有相同的，也有不同的。热带区大致在南岭以南的广东、广西、福建、台湾南部，以及海南、香港。该区代表性的灵芝是喜热灵芝（*G. calidophilum*）、弯柄灵芝

（*G. flexipes*）、薄树灵芝（*G. capense*）等，共60多种。南岭以南地区是我国灵芝真菌种类分布最密集、数量最多的区域。亚热带区为南岭以北至秦岭之间的长江中下游地区，该区代表性的灵芝是紫芝、四川灵芝、江西假芝等，共有20多种。该区灵芝种类虽不及热带地区，但仍然是我国灵芝的重要分布区。温带区为秦岭向东北至大兴安岭、小兴安岭，辽宁南部及华北落叶阔叶林属温带，辽宁以北属中温带，大兴安岭地区属寒温带针叶林区，仅分布有松杉灵芝、树舌灵芝、伞状灵芝和蒙古灵芝等低温型灵芝。白肉灵芝（白心灵芝）主要分布于青藏高原的高原气候带，西藏、云南、贵州、四川等部分地区有分布。通过灵芝的自然分布可以看出，气候差异与种类分布密切相关。

（二）树木种类对灵芝分布的影响

灵芝多数种类生长在阔叶树的腐木上，例如槭树属（*Acer*）、赤杨叶属（*Alniphyllum*）、栗属（*Castanea*）、水青冈属（*Fagus*）、梣属（*Fraxinus*）、杨属（*Populus*）、刺槐属（*Robinia*）、栎属（*Quercus*）、柳属（*Salix*）、山茶属（*Camellia*）、榆属（*Ulmus*）等植物。只有少数种类对寄主的要求比较专一，例如：闽南灵芝（*G. austrofujianense*）生长在松树桩上；橡胶灵芝（*G. philippii*）生于橡胶属（*Hevea*）植物和棕榈科（*Palmae*）植物上；热带灵芝（*G. trppicum*）生于相思树或合欢树上；松杉灵芝（*G. tsugae*）生长在落叶松属（*Larix*）和铁杉属（*Tsuga*）植物上；奇异灵芝（*G. mirabile*）可以生长在活的大树干高处。有些种类有兼性腐生的习性，既能生于活树上也能生长在死树上，如树舌灵芝等，它们是阔叶树和针叶树的兼生种类，但仍以阔叶树为主要基物。灵芝属的种类很少生长在地上，而假芝属的种类多数生长在地上，少数种类生长在腐朽树木、倒木或腐殖质上，很少生长在活树上。通过灵芝对生长树木种类的要求可以看出，多数灵芝可以生长在众多阔叶树木上，部分是阔叶树和针叶树兼生种类，这两类灵芝分布较为广泛，部分灵芝种类对树种要求严格，其分布受树木种类影响较大。

（三）光照条件对灵芝分布影响

光照条件也是影响灵芝分布的一个因素，灵芝大多数种类生长在有散射光的稀疏林地或旷野，也有一些种类对光照的需求量很少，如假芝数大多数种类生长在郁闭度大的密林中。灵芝与其他食药用菌一样，是异养生物，不能阳光直射，因此长时间阳光充足的地方很少有灵芝生长。

四、灵芝的生长基质

（一）野生灵芝的生长基质

野生灵芝一般单生或丛生于枯树干或木桩上，通过分解木材中的木质素和吸收树木中其他营养物质作为养分而生长，灵芝属真菌大多生长在有一定散射阳光、树林较稀疏的地方。很多阔叶树的腐木上或土下枯死的树根均能为灵芝提供充足的营养。只有少数种类对基质的要求比较专一，如闽南灵芝生长在松树桩上，橡胶灵芝生长在橡胶属的植物和棕榈科植物上，松杉灵芝生长在落叶松属和铁杉属植物上，有些灵芝如奇异灵芝可以生长在活的大树高处，还有些灵芝的种兼有寄生的习性，既能从活树上吸取营养物质，也可从枯树上吸取营养物质，如树舌灵芝等。

（二）人工栽培灵芝的基质

人工栽培灵芝基质有阔叶树木材、木屑、棉籽壳、玉米芯、玉米秆、甘蔗渣、中药渣、桑树木屑、一些果树木屑等。为了获得高产还需要添加适量的营养丰富的辅料，如玉米粉、麦麸、细米糠、花生麸、豆粕等。同时，水也是灵芝生长的重要基质，没有适宜的水分，灵芝生长受阻，甚至无法生长。

五、灵芝的生活史

（一）生物学角度的灵芝生活史

灵芝的生长发育过程都要经历从孢子→单核菌丝→双核菌丝→子实体→产生新一代的担子和孢子的过程，这个循环过程就是灵芝的生活史（图1）。

通常把灵芝的生活史分为9个阶段：①在适宜的条件下，具有活力的灵芝孢子萌发，生活史开始，生成单核菌丝。②单核菌丝（初级菌丝）开始发育。③两条可亲和的单核菌丝融合（质配）。④形成异核的双核菌丝（次级菌丝）。双核菌丝体能独立地、无限地繁殖。⑤在适宜的环境条件下，双核菌丝发育成结实性菌丝（三级菌丝体）并组织化，形成原基后进一步发育成子实体。⑥子实体菌管内壁的双核菌丝体的顶端细胞发育成担子，进入有性生殖阶段。⑦来自两个亲本的一对交配型不同的单倍体细胞核在担子中融合（核配），形成一个双倍体细胞核。⑧双倍体进行两次分裂，其中包括一次减数分裂，再经过一次有丝分裂，形成4个单倍体核，进一步发育成孢子。⑨孢子释放，待条件适宜时进入新的生活史循环。

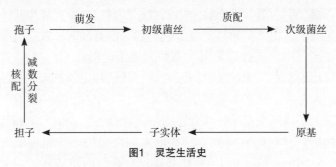

图1　灵芝生活史

（二）野生状态下和人工栽培的灵芝"生活史"

1. 野生状态下的灵芝"生活史"

成熟灵芝孢子具有灵芝全部的遗传物质，具有繁殖后代的能力，不过只有具有生命活力的灵芝孢子才能有机会在合适环境下萌发并生长发育长出灵芝子实体。就跟普通植物种子一样，有活力的种子才有机会在合适的环境下萌发长成植物幼苗，并在适合生长的环境下进一步生长发育长出果实和种子。在野生状态下，合适环境中成熟的灵芝子实体能产生大量的灵芝孢子，无数的灵芝孢子随风飘在大气中，散落在不同的地方。其实只有极少数灵芝孢子被释放出去后能飘落到朽木等适合生长的地方，并在环境适合的条件下萌发成初级菌丝，初级菌丝发育成二级菌丝，二级菌丝发育成三级菌丝，并进一步形成子实体，在子实体发育的后期分化出担子层，每个担子上又发育出孢子完成一个循环，也就是一个完整的生活史。

2. 人工栽培的灵芝"生活史"（栽培周期）

灵芝人工栽培的"生活史"，与野生状态生长循环生活史不一样，野生状态下每一个循环所用的时间长短、地点都是不确定的。人工栽培时，一个生长周期基本是固定的。季节性栽培也就是自然条件下栽培时，代料栽培和段木栽培完成一个栽培周期所用的时间不一样。

（1）代料栽培灵芝的"生活史"（栽培周期）。代料栽培灵芝的"生活史"就是完成一个栽培周期。只采收子实体的栽培过程：菌种（母种、原种、栽培种，是二级菌丝）→代料栽培菌包（菌丝培养）→原基形成（三级菌丝）→子实体生长（菌管内产生担子、孢子）→第一批采收→第二批原基形成→子实体生长（菌管内产生担子、孢子）→第二批采收。如果没有及时采收，孢子粉逃逸飘在空气中，就会进入野生循环。整个过程160天左右，其中母种生长10天左右、原种生长25天左右、栽培种生长25天左右、菌包生长30天左右，原基形成至子实体采收30天左右，第一批采收完至第二批子实体形成至采收40天左右。不同品种、不同环境和管理措施所用的具体时间有差异：一些地方如广东梅州，菌种生产提前至前一年的9月前后开始，利用冬季温度偏低时培养栽培用菌包，可以减少污染和合理用工（农闲季节找工人容易），到清明节前后才开始出芝管理，部分栽培从母种到栽培结束的整个过程长达9个月。

收集孢子粉的代料栽培只采收一次，即第一批子实体成熟时，用收集孢子粉的装置采收孢子粉，等孢子粉释放量显著减少时，将孢子粉和灵芝一起采收，栽培结束，完成一个栽培周期"生活史"。在适宜的条件下，从灵芝子实体发育成熟到采收孢子粉的时间通常为25～40天，整个栽培过程时间与采收两批子实体的时间差不多。采收孢子粉的过程中，会有少量孢子粉逃逸飘在空气中，进入野生循环。

（2）段木栽培灵芝的"生活史"（栽培周期）。段木栽培灵芝的"生活史"与代料栽培一样，就是完成一个栽培周期。只是段木栽培完成一个周期通常要3～5年，大部分是3年完成。周期时长与段木菌包大小、段木材质、管理措施及采收产品的形式有很大关系。只采收子实体的过程包括3～5个阶段（每年1个阶段）：菌种（母种、原种、栽培种，是二级菌丝）→段木栽培菌包（菌丝培养）→原基形成（三级菌丝）→子实体生长（菌管内产生担子、孢子）→第一批采收（第一年）→第二批原基形成→子实体生长（菌管内产生担子、孢子）→第二批采收（第一年），然后进入冬季、春季低温季节休眠。第二年夏初至秋季为第二阶段，重复第一年的过程，可采收2～3批灵芝子实体；第三年（第三阶段）跟第二年一样，菌棒重量相对较小，一般3年结束栽培周期。如果栽培的段木质地坚硬，而且菌棒超过10千克，第四至五年（即第四、第五阶段）与第三年一样，可以收2～3批灵芝子实体，只是第四、第五年产量相对较低。每一次子实体成熟时，如果没有及时采收，孢子粉会逃逸在空气中，进入野生循环。段木栽培收获时间的长短，还与地理位置有关，在粤北山区可以收获3～4年的菌包，在珠江三角洲平原区域（非山区），以及粤西的湛江、茂名等地，由于冬季气温相对较高，第三年的产量就已经很低，甚至虫害、杂菌危害严重时会导致停止生长。

收集孢子粉的段木栽培通常3年结束栽培周期，完成"生活史"。每年出一次子实体，收集一批孢子粉，为了让孢子粉新鲜度和质量有保证，孢子粉通常分两次采收。第一次采收孢子粉时不采收子实体，第二次收集孢子粉时跟子实体一并采收。第一年收完孢子粉和子实体后，进入冬季、春季休眠期，第二、第三年重复第一年的过程，第三年采收结束后完成一个栽培周期。每次孢子粉收集过程中，会有少量孢子粉逃逸飘在空气中，进入野生循环。

六、灵芝的生长发育条件

灵芝生长需要从基质中吸取营养成分，并要有适宜的温度、水分、氧气、光照等；没有好的营养条件和环境条件，灵芝不能正常生长甚至死亡。

（一）营养条件

灵芝是一种木材腐生菌，野生状态时，生长在地下或地表枯死的树根与树桩上，枯死的倒木上有时亦有生长，灵芝依靠分解木质素、纤维素等物质作为主要营养成分来生长繁殖。灵芝需要的养分有碳源、氮源、矿质元素、维生素等，这些营养成分存在于段木、木屑及其他添加的生长基质（培养基）中。

1. 碳源

在自然界中碳素物质有纯碳物质、氧化状态的碳和还原状态的碳数种。煤、活性炭、焦炭、金刚石、石墨等为纯碳，这种碳灵芝不能利用。氧化状态的碳（与氧结合的碳），如二氧化碳及有毒性的一氧化碳和四氯化碳等都不能被灵芝吸收利用。还原状态的碳，如葡萄糖、纤维素、淀粉、木质素、酒精、甘油、醋等是高能量物质，灵芝能吸收利用。但当酒精浓度较高时，因其具有强烈的吸水和渗透能力，会使细胞内的蛋白质凝固变性，从而不能作为营养物质被灵芝使用。纤维素、木质素、淀粉等是由多个葡萄糖构成的高分子碳源物质，分子量很大，不能通过细胞膜进入细胞内，但灵芝等真菌能向细胞外分泌相应的分解酶，把这些高分子的碳源物质分解为小分子的葡萄糖，这些小分子的葡萄糖便能够顺利地进入细胞内，然后被利用。实际工作中，一定要尽可能选择最合适的碳源来开展生产性栽培。

碳源物质对灵芝有三方面的功效：一是作为灵芝生长发育的能量来源。灵芝在生长发育过程中，在吸收输送营养时需要一定的能量，而葡萄糖、纤维素等碳源物质经灵芝分解、利用时能够释放出能量，灵芝就是依靠这些能量来维持生命活动的。二是作为构成菌体包括子实体的组织成分。灵芝菌丝及子实体中50%以上的成分是碳素。灵芝组织的细胞壁、原生质中都有碳素存在。若缺乏碳，灵芝菌丝就不能生长，子实体也无法形成。三是作为形成其他物质的成分。碳源被吸入菌丝体后，经过分解、转化，与其他成分结合，形成菌丝生长发育所需要的物质，如蛋白质、维生素、DNA、RNA等。

2. 氮源

有纯氮、氧化态氮和还原态氮三类。二氧化氮、一氧化氮、硝酸等氧化状态的氮为无机氮，这些氮源物质灵芝不能吸收利用。纯氮即为氮气，灵芝也不能利用。只有还原态的有机氮，如尿素、蛋白质和其他含氮有机物质灵芝才能吸收利用。蛋白质是一种分子量很大的化合物，不能直接渗入细胞膜，因此灵芝无法将其吸收利用。但灵芝细胞也能向培养基中分泌相应的蛋白酶，把蛋白质分解为小分子的氨基酸，氨基酸分了量小，能够进入细胞内被灵芝利用。硫酸铵等这些介于有机和无机氮中间的氮，灵芝也不能利用。氮源是蛋白质的主要组成物质，没有氮就不能合成蛋白质，也就不会有灵芝菌丝的生长。

灵芝生长发育对碳源、氮源的吸收利用是有一定比例的。通常的比例约为22：1，即要求培养基中有22分量的碳素成分和1分量的氮素成分。碳、氮比例不当，过多的部分便不能很好利用，甚至还会影响灵芝生长发育。若碳源物质过多，氮源物质过少，则灵芝菌丝生命力弱，结子实体提早，子实体小，产量低，衰老提早。若氮源物质过多，碳源物质过少，则灵芝菌丝会徒长，结子实体时间会推迟。这也就是生产性栽培时，要选择配制最佳培养基配方的原因。平时栽培出灵芝并不是很难，但要获得高产不容易，其中一个因素就是碳、氮营养比例问题。

3. 矿质元素

灵芝所需的矿质元素，除磷外大多是以单体形式存在（不与其他元素结合）的金属物质。自然界中矿质元素的种类很多，而灵芝需要的矿质元素有锌、铁、镁、磷、钾、钠、钙等。这些矿质元素中，只有磷是灵芝细胞核的一种主要构成成分，其他矿质元素大多是作为辅酶物质，起到提高酶活性的作用，因此需要量甚微，培养基中只需百分之几甚至千分之几即可。大多数根据优良培养基配方调配的培养基中都有少量矿质元素成分存在，所以一般不需另外去添加矿质元素成分。

4. 维生素

灵芝生长还需要一定量的维生素类物质，这些物质靠培养料来供应。维生素B族是菌丝生长的必需维生素，特别是在菌丝生长的初期，补充外源性维生素B族对菌丝生长十分有利。维生素B族可通过在培养料中添加麦麸、米糠、种子果实、饼粉、果壳及酵母等补给。灵芝对维生素的需要量极少，配制生产性栽培的培养料时一般不需另外添加维生素成分。不过配制母种（一级种）培养基或者液体培养基时，有时会适当添加一些维生素B族。

（二）环境条件

影响灵芝生长发育的环境因素有温度、湿度、空气、光照和酸碱度等。其他微生物、害虫对灵芝生长发育也有影响。

1. 温度

灵芝属于中高温型真菌。一般菌丝生长温度是7～35℃，但适宜温度为22～26℃，菌丝体对5℃以下的低温能忍受一定时间，待恢复到适宜温度时能恢复生长。一些生长在朽木中的品种，其菌丝可安全度过-40～-20℃的严冬，但当遇到高低温度变化剧烈、时冻时融、0℃上下变化时，菌丝则容易死亡。在35℃以上高温时，菌丝的呼吸作用大于同化作用，体内营养消耗大于合成，造成代谢活动异常，时长超过一定范围也会导致死亡。子实体生长发育的适宜温度是20～30℃，最适宜温度为23～28℃，不要低于20℃，也不要超过33℃，以保证正常生长并获得高产。在实际生产时，如果是自然条件下栽培，一定要了解品种特性，选择最合适的季节和给予合理的温度管理措施，尽可能将栽培环境控制在最合适的温度范围内，不能因为灵芝品种能耐极限温度而放松管理要求。

2. 湿度

（1）培养基含水量。虽然培养基含水量在30%～70%范围内菌丝均能生长，但是在生产栽培时，适宜含水量应控制在60%左右。培养基含水量偏离最适宜湿度过大，菌丝生长会受到抑制，从而影响产量。含水量超过70%，会使培养基中含氧量过低，从而导致菌丝窒息死亡。

（2）空气相对湿度。菌丝体生长阶段，空气相对湿度保持在60%～70%比较合适。太低，培养基水分会蒸发而变干；太高，培养过程中的污染率会增加。子实体生长期间，空气相对湿度比菌丝培养期间要显著提高，不过不同阶段相对湿度有所不同。菌包搬进出芝房并揭开盖子或切开出芝口后的2天内，空气相对湿度保持在85%左右；子实体原基形成后至菌盖形成初期，空气相对湿度保持在90%左右；菌盖旺盛生长期间，空气相对湿度可以进一步提升至90%～95%。空气相对湿度偏低时，水分蒸发过度，会使子实体生长停滞。空气相对湿度过高，呼吸作用会受影响，导致菌丝体和子实体发育不良。子实体接近停止生长或准备收集孢子粉时，空气相对湿度应逐步降低，采收前空气相对湿度最好低于80%，孢子粉收集期间，空气相对湿度以70%左右为宜。

3. 氧气与二氧化碳

灵芝是好气性真菌，它的整个生长发育过程中都需要新鲜的空气。空气中二氧化碳的含量对它的生长发育有很大的影响，尤其是子实体生长发育阶段，其对二氧化碳含量更为敏感。当空气中二氧化碳含量增至0.1%时，子实体原基就不能分化出菌盖。菌盖分化长出后，二氧化碳浓度过高，会抑制菌盖生长，甚至会在菌盖上重新形成原基并继续生长成鹿角状。实践证明，不同品种灵芝对二氧化碳的敏感度有差异。栽培时要经常通风换气，保持栽培场所空气清新。近年来，室内完全人工调控栽培灵芝的企业和菇农不断增加，如何调控二氧化碳浓度是栽培成败的关键之一。灵芝盆景栽培时，可以对二氧化碳含量进行控制，培养出不同形状的灵芝造型，作为艺术品供消费者欣赏。

4. 光照

灵芝菌丝的生长速度随光照的增加而减慢，在黑暗的条件下，菌丝生长迅速且洁白健壮。有实验证明：光照度为0时，菌丝每天平均生长速度为9.8毫米，而光照度达到3 000勒克斯时，则只能长4.7毫米。说明灵芝菌丝对光线敏感，强光对菌丝生长具有明显的抑制作用。虽然灵芝菌丝生长并不需要光照，但是灵芝子实体分化和发育阶段都需要一定的散射光。子实体生长发育不可缺少光照，若无光照的刺激，灵芝虽能形成子实体，但会畸形，只长菌柄，不长菌盖，不产生孢子。

栽培实践表明，在林下栽培时，三分阳七分阴的环境中灵芝生长正常、品质好。荫蔽度过大，灵芝虽然生长正常，但皮壳颜色和质地会较差；光照度过强，生长受到抑制，产量降低；灵芝生长不能受阳光直射，阳光直射使水分急剧蒸发，紫外线还对灵芝有伤害，不利于生长。大棚或室内栽培时，栽培环境中光照度以能阅读普通报纸、书籍为宜，这样的光照度就可以满足灵芝子实体正常发育；子实体生长期间，只要阳光不直射的情况下，光照度增加，菌盖、菌柄质地更紧实、光泽好。灵芝生长还有偏光性，子实体会向光照一侧生长，因此以收获子实体为栽培目的时，需尽量保证光线均匀，使菌盖正常生长。通过控制光照强度及光照方向，结合其他条件调控，我们可进行定向和定形培养灵芝，培育出不同形状的灵芝盆景供观赏。

5. 酸碱度（pH）

灵芝喜欢在偏酸性的环境中生长，菌丝在pH为4～9时均能生长，适宜的pH为5～7（不同文献、不同品种最适酸碱度数据有差异）。菌丝生长所处的酸碱环境，会影响菌丝细胞内酶的活性，也会影响细胞膜的透性和对金属离子的吸收能力。菌丝生长过程中不断有中间代谢产物产生，其中包括各种有机酸，因此培养基的酸性随培养时间的延长而逐渐增加，在灵芝栽培配制培养基时，要摸索所用培养基配方在菌丝生长过程中的酸碱度变化规律，调整适宜的酸碱度，以达到高产稳产。

（三）生物因子

除了培养基质的营养组分、含水量、pH、环境温度、空气相对湿度、氧气、二氧化碳、光线等环境因素影响灵芝的生长发育以外，还有某些生物因子与灵芝的生长也有着密切的关系。灵芝生长的环境中，有各种微生物与灵芝存在竞争关系，灵芝菌种生产及栽培过程中，如果处理不当会发生杂菌污染，杂菌与灵芝发生营养竞争甚至分泌对灵芝有毒害作用的物质。一些对灵芝有害的昆虫，如螨类、菇蚊及其幼虫、夜蛾及其幼虫、跳虫等会啃食灵芝菌丝或子实体。啃食不仅会直接对灵芝菌丝体和子实体造成伤害，还会进一步造成杂菌污染。以上生物影响因素，轻则影响灵芝产量和质量，重则导致栽培失收。

第二章　灵芝栽培技术

一、灵芝栽培概述

（一）我国古代灵芝栽培简述

据文献记载，我国古代已有灵芝栽培记述。早在公元1世纪，已开始人工栽培灵芝，《隋书·经籍志》上有《种神芝书》一卷，已证明当时栽培灵芝是一门专门的学问。王充《论衡》中就有人工栽培灵芝的记载，晋代葛洪（283—363年）《抱朴子·内篇》中说，人工栽培的灵芝与野生灵芝具有相同的功能。晋魏以后，还出现多种栽培灵芝的专著，其中有两种因《道藏》的编纂而被保存至今。李时珍《本草纲目》（1578年）和陈淏子《花镜》（1688年）俨然对灵芝的栽培原理和栽培方法已有较科学的认识（陈士瑜，1983，1992）。

（二）我国现代灵芝栽培简述

我国灵芝的现代栽培开始于20世纪50年代末、60年代初，20世纪70年代出现第一次灵芝栽培热。据文献记载，从20世纪60年代初至70年代的10多年，开展灵芝栽培研究的单位有上海市农业科学院、中国科学院微生物研究所、江西共产主义劳动大学（江西农业大学）、广东省微生物研究所（广东省科学院微生物研究所）、北京双清路中学、中国科学院植物研究所、西南农学院（西南大学）、吉林医科大学（吉林大学白求恩医学部）等，以上都是属于较早开展灵芝栽培的研究单位。

目前，我国灵芝栽培遍布全国各地，从海南到黑龙江、内蒙古再到西藏、新疆，包括台湾及香港都开展了灵芝栽培。其中，浙江龙泉，安徽金寨、霍山和大别山区，山东聊城、菏泽、泰安，湖北武汉，四川成都，贵州，福建三明、南平，吉林长白山、蛟河，黑龙江大兴安岭，河南西峡、卢氏，湖南，江西，广东，广西，山西，台湾，以上地区都有灵芝人工栽培较为集中的地方。灵芝栽培方式多种多样，从收获产品类型来分，有以收获子实体为目的的栽培、以既收获孢子粉又收获子实体为目的的栽培及以观赏为目的的盆景栽培。从栽培原料分，有代料栽培、段木栽培及树桩栽培。段木栽培又可分为长段木生料栽培、短段木熟料栽培、树枝捆绑（枝束）熟料栽培。以栽培场所来分，有室内栽培和室外栽培。室外栽培中又有大田遮阴棚栽培、塑料大棚栽培、林下或作物套种栽培。以菌棒（包）摆放方式来分，有菌棒（包）地面竖放、墙式叠堆、床架摆放、专用网格侧放、泥土覆盖（覆土）等方式。以栽培容器来分又有瓶栽、袋栽、盆栽等方式。以栽培季节来分，有季节性栽培和人工调控周年栽培。此外，还有较为特殊的富锗、富硒、富锌等栽培。本章从栽培原料划分，即以灵芝代料栽培、段木栽培及树桩栽培为主线介绍栽培管理技术，同时介绍盆景造型栽培技术、孢子粉收集管理技术及灵芝人工调控栽培存在的问题、前景。此外，以广东梅州市林下仿野生段木栽培紫（灵）芝、韶关市某生物科技公司集中制包、分散管理出芝模式为例，介绍具有广东特色的灵芝栽培实践。

（三）我国人工栽培灵芝主要产区

我国灵芝栽培大体可分为四大主产区，每个产区各具特色，估计超过75%的人工栽培赤（灵）芝及孢子粉出自这四大产区。

1. 福建南平的武夷山、浙江的龙泉区域

该区域盛产赤芝、紫芝、树舌灵芝、灰芝、薄黄芝、假芝等野生灵芝。该区域水源清澈、土壤酸碱度适中、空气富氧、气候温和湿润，十分符合灵芝的生长条件，其中福建武夷山所产灵芝有效成分含量高。该区域人工栽培灵芝以大棚堆垛种植和长段木野外栽培为主，武芝、龙芝、仙芝为主要栽培品种，是中国灵芝栽培历史最为悠久的两个地区。

2. 东北吉林长白山区及周边地区

该区域盛产平盖灵芝、无柄赤芝、木蹄层孔菌、桑黄、苦白蹄、裂蹄层孔菌、松针层孔菌、桦褐孔菌、斑褐孔菌、云芝、白灵芝、松杉灵芝等野生灵芝。该区域森林覆盖率高、四季分明、昼夜温差大、环境污染小、木材来源充足，种植灵芝以段木栽培结合大

棚培育技术为主。

3. 安徽大别山、湖北武汉区域

该区域以短段木野外栽培为主，辅以覆膜大棚种植，栽培规模大。该区域的长段木供应欠缺，因此以短段木栽培灵芝为主，只能栽培一季，有报道称，其为全国面积最大的灵芝段木栽培区域。

4. 山东鲁西地区

该区域集中在菏泽、聊城、泰安等地。该区域灵芝种植起步于20世纪90年代初，主要以"合作社+基地+农户"的产业化模式进行生产，是泰山灵芝、南韩赤芝、赤芝六号、灵芝草、灵芝孢子粉的主要产区，也是灵芝片、灵芝粉、灵芝盆景生产、加工的重要地区。该区域段木料少，以代料栽培为主，进行大棚栽培，是灵芝产品重要产区之一。山东鲁西区域的灵芝工艺品行业很发达，尤其是灵芝盆景。

5. 其他产区

除上述四大主产区，其他省、区、市都有不同规模的灵芝生产。其中，江西赣州、福建龙岩及与这两市临近的广东梅州、河源、韶关的紫（灵）芝栽培也有相当规模。四川、贵州、云南、西藏等省区除栽培赤（灵）芝等品种外，还是国内白肉灵芝主要栽培区域。

在广东，全省各地都有不同规模的灵芝栽培。段木栽培主要在韶关、河源、梅州、清远等粤北、粤东偏北山区。代料栽培主要集中在梅州、河源。进行人工调控栽培的主要在中山大学生命科学学院广州番禺实验基地、开平市某保健食品公司灵芝栽培基地等。近年来，韶关市某生物科技公司与广东省农业科学院蔬菜研究所合作，在灵芝代料栽培集中制包、分散出芝管理模式及配套管理技术方面开展合作研究和推广。

二、灵芝代料栽培技术

灵芝代料栽培在20世纪70年代前期以瓶栽为主，即利用瓶装的菌种培养灵芝子实体，灵芝子实体在拔去棉塞后的瓶口长出。瓶栽工序复杂，特别是采收后将栽培过的培养料挖出来要花费很多人力，效率低。后来栽培者效仿银耳袋栽，采用塑料袋作为容器栽培灵芝，取得良好效果，为以后灵芝栽培的迅速发展打下坚实的基础。

塑料袋栽培灵芝有室内栽培和室外仿野生栽培两种方式。这两种栽培方式的配料、菌包制作及菌丝培养要求完全相同，但子实体培养方式不同。室内栽培将菌包置于室内床架上、专用出菇网格上或单包竖放或侧放，墙式叠放于地上出芝，室外栽培将菌包摆放于室外大棚内、树林下小拱棚出芝，或像段木栽培灵芝一样将菌包脱去塑料袋后埋于大棚内或林中遮阴棚下的土中，灵芝从土中长出。

（一）栽培场地及其消毒

1. 栽培场地

（1）室内栽培场地。传统的灵芝室内栽培大多数在闲置的菇房或其他房屋内进行，如农舍、仓库、大礼堂或暂时未入住的楼房等。栽培时，可直接在室内以墙式叠堆摆放菌包的方式进行，亦可搭床架摆放菌包出芝。床架通常宽30厘米左右，为了操作方便，单个床架长度一般不超过5米，床架层间距离50厘米左右，一般搭4层。床架间过道约70厘米，以出芝时人能走动、方便操作为宜，也可以像栽培杏鲍菇、秀珍菇一样采用专用出菇网格摆放。灵芝室内栽培有利于保温、保湿，产量高且稳定，还可以适当延长栽培时间，也更便于收集灵芝孢子粉。随着栽培管理技术不断提高，一些企业或菇农，开始进行全人工调控栽培灵芝，延长栽培时间或实现周年栽培。这些栽培场地要求高，投资大，目前普及率不高。

（2）室外栽培场地。灵芝室外栽培场地形式多样，通常是指在塑料大棚内、遮阴棚、瓜豆棚下及林下等场所进行栽培。室外栽培设备简单、投资少、成本相对较低，栽培时杂菌、害虫危害往往比室内栽培严重，不过室外栽培管理得当时灵芝色泽和质感较好。

2. 栽培场地的消毒

无论什么场地栽培灵芝，栽培前都必须清理场地并进行消毒。室内场地消毒主要是先打扫卫生，然后用符合安全要求的消毒剂或石灰水喷刷。室外栽培场地主要是搞好栽培场地及周围环境卫生，并在栽培的地方撒石灰粉和喷杀虫剂，林下栽培还要进行白蚁防治。

（二）灵芝代料栽培原料

1. 灵芝代料栽培主要原料

灵芝代料栽培的培养基主要原料来源比较广泛，如各种阔叶树木屑、桑树、芦苇（粉碎）和部分果树木屑、作物秸秆〔棉花秆、豆秸、麦秸、玉米芯、甘蔗渣、芦苇秆、果壳（花生壳、棉籽壳、茶籽壳等）〕。这些原料要求不含或少含对灵芝生长发育有害的物质，也不含或少含危害人体健康的重金属及农药残留物。油性或气味较浓的树木，如杉木、松木、樟树、桉树等的木屑一般不宜用于栽培灵芝。为了获得高产或质量好的灵芝，栽培者应根据实际条件尽可能选择容易获得高产的栽培材料。通常质地紧密坚硬的阔叶树木屑作为材料栽培的灵芝产量高、产品质地好。

2. 灵芝栽培辅助原料

灵芝代料栽培时会多加一些辅助材料，主要有麸皮、细米糠、玉米粉、花生麸、蔗糖、石膏、碳酸钙等。这些营养丰富或富含矿物质元素的材料对提高产量有重要作用。

（三）栽培季节

灵芝代料栽培生产季节的安排与灵芝产量、质量有着密切的关系。生产季节安排恰当与否，灵芝产量相差很大：安排恰当，灵芝子实体能较好地生长，长出的灵芝个大、质坚、品质好，产量高；反之，灵芝子实体生长不良、产量低。灵芝菌丝和子实体对温度的要求基本相同，灵芝生长发育的适宜温度为23～28℃，因此，各地要根据出芝最佳的自然温度来安排生产季节。灵芝代料栽培从菌包接种到采收结束仅需约3个月（不包括菌种制作需要的时间），我国不同地区气候差异大，代料栽培灵芝的适宜季节差异也大。我国一些地区传统代料栽培灵芝的适宜季节大致如下：广东各地菌包制作时间为12月至翌年2月，开袋出芝栽培开始时间为3月下旬至4月中旬，采收结束时间为5—6月；长江流域菌包制作时间为2—3月，开袋出芝栽培开始时间为4月下旬至5月上旬，采收结束时间为6月下旬至7月下旬；黄河以北菌包制作时间为3—4月，开袋出芝栽培开始时间为4—5月，采收结束时间为6—8月。各地根据实际栽培习惯开展生产活动。在广东，一些市场营销能力强的栽培者，在上半年栽培产品供不应求的情况下，会在当年9月中旬至12月再栽培一次。

实践证明，因劳动力用工安排和市场需要，特别是随着栽培设施条件改善和管理技术的不断提升，菌包制作、出芝管理及采收时间与气候条件的相关性越来越低。栽培时间延长，已不完全受自然条件影响，甚至有些条件好的栽培者实现了周年生产。在广东梅州市，每年制菌包提前到10月底至春节前后，此时气温较低，污染少，虽然菌丝生长期延长，但是跟传统接种时间比，灵芝子实体和孢子粉产量更高，冬季是农闲时间，用工安排更方便。

（四）灵芝代料栽培管理技术

以收获子实体为目的的灵芝代料栽培工艺流程：培养基配方确定→选材、配料→装袋→灭菌→冷却→接种→菌丝培养→第一批子实体生长管理→子实体采收、干燥→菌包休养管理→第二批子实体生长管理→子实体采收、干燥→栽培结束、废菌包处理→栽培场地清理。

1. 培养料配制

灵芝代料栽培常用培养料配方如下。

配方1：木屑（粗颗粒木屑）73%、玉米粉5%、麦麸20%、蔗糖1%、石膏粉1%，含水量60%。

配方2：木屑38%、玉米芯35%、玉米粉5%、麸皮20%、蔗糖1%、石膏粉1%，含水量60%～62%。

配方3：棉籽壳83%、玉米粉（或麦麸）15%、石膏粉1%、蔗糖1%，含水量60%～62%。

配方4：木糖醇渣78%、麦麸15%、花生麸或豆粕1%、石膏粉2%、过磷酸钙2%、石灰粉2%，含水量58%～60%。

配方5：木屑38%、芦苇（粉碎）35%、玉米粉5%、麸皮20%、蔗糖1%、石膏粉1%，含水量60%～62%。

实践证明，培养基含水量与配方成分、菌包制作季节的空气相对湿度等有一定关系，还与收获产品形式（收灵芝子实体或既收子实体又收集孢子粉）有关。

2. 拌料

拌料场地最好选水泥地。传统人工拌料时，先把主料、辅料分别按比例称好后混合在一起，再把石膏等添加物均匀地搅拌在原料中，把糖放在水中溶化后（糖水）加入。麦麸和米糠在装袋前均匀拌入。含水量控制在58%～62%（根据原材料种类、天气情况及经验确定），经验表明，通常用手紧握培养料，松开后培养料成团有龟裂，丢地上散开，手掌有湿润感，即含水量大概为60%。如果用力紧握培养料，指缝有水滴渗出表明湿度偏高。如果用力紧握培养料，有木屑刺手感且松开手后培养料散开，表明湿度偏低。

随着人工成本的提高，越来越多培养料拌料由拌料机来完成，拌料机种类多种多样（图2），要严格按照机器说明书来操作。

菇料翻堆机　　　　　　　　原料拌料机

大型拌料机
图2　各类拌料机

3. 装袋

培养料加水拌匀后，应及时装入塑料袋中。培养料中有了足够水分后，各种细菌、真菌会在里面很快繁殖。倘若时间延长，培养料会变质，从而影响灵芝的正常生长。高温季节，当天拌好的料应当天尽快装袋，当天灭菌。随着技术发展，生产上以机械装袋为主。

（1）塑料袋规格。要求袋膜耐高温，灭菌冷却后薄膜不脆，最好透明度高。目前应用较为普遍的塑料袋有聚丙烯和聚乙烯两种。袋膜厚度为0.045～0.055毫米，袋膜不能过厚或过薄，袋膜过厚，灭菌后袋膜脆，搬动时容易折裂、产生微孔；袋膜过薄，容易被质硬的培养料尖角刺破。

塑料袋大小：通常短袋压扁后宽15～20厘米，长28～35厘米。长袋压扁后宽15～17厘米，长45～55厘米。短袋培养料装好后菌袋呈壶状，子实体从袋口长出，绑袋口的菌袋也有从袋底开出芝口的。长袋培养料装好后，菌袋呈棒形，子实体从袋两端的袋口长出或从向上一面袋身的接种穴长出，也可用于盆景栽培。根据栽培者习惯或客户要求，也可采用其他规格袋进行栽培。

（2）机械装袋。机械装袋有专门的装袋机。根据生产规模和投资预算，有多种规格的装袋机（图3）。

离合装袋机　　　　　　　　冲压式自动装袋机

图3　各类装袋机

智能抱筒装袋机

图3 （续）

为了安全生产和提高工作效率，操作人员一定要认真阅读机械说明书并接受生产厂家技术人员指导。

随着装袋机械的不断改进，各式各样的自动化装袋机层出不穷，而且整条流水作业设备成套。目前，速度较快的自动装袋机，单台每小时可以装1 800袋或更多，人不再直接接触袋子和原材料，无须人工绑袋口，也无须人工装套环及加盖子，实现完全自动化操作。不同品牌型号操作方法有差异，根据设备厂家说明书和技术人员指导操作即可。

（3）手工装袋。手工装袋即是用手工方法将培养料装入袋内，边装边压实，使袋内的培养料有一定的松紧度。放置料袋的容器必须平滑，无角、无棱，防止刺破料袋，搬动时不可猛扔。装袋后需把料袋口上附着的培养料擦干净，短袋在袋的一端，长袋在袋的两端用橡皮筋或塑料绳把袋口扎紧，也可以用手动或机械扎口机封口。袋口的包扎没有固定的样子和方式，只要灭菌后能阻止袋外空气直接进入袋内即可。短袋还可用塑料颈圈套在塑料袋口外，再把袋口翻出袋外，用线或橡皮筋固定，使之呈瓶口状，然后塞上棉花，也可以在套上套环后用配套的盖子盖上。

由于人工成本不断上升，人工装袋慢慢被机械装袋或者自动化装袋所取代。

4. 灭菌

灭菌的目的是将培养料中原有的各种杂菌完全杀死。常用的灭菌设备如图4。

手提灭菌锅

电热蒸汽发生器

高压灭菌锅

图4 各类灭菌锅

灭菌有高压灭菌和常压灭菌两种，操作时，一定要严格按灭菌锅操作说明书进行操作。高压灭菌，温度高，热量穿透能力也强，灭菌时间稍短；常压灭菌，温度比高压灭菌时低，热量穿透速度慢，灭菌时间长。灭菌方法及有关注意事项见本书"附录 灵芝菌种生产技术"部分内容。灭菌后的菌袋从锅中取出到送达冷却室的这一段路程必须做到清洁、卫生，运输工具事先要清洗，菌袋上要用清洁布或塑料薄膜覆盖，防止灰尘等沾上。如果是工厂化生产，从灭菌锅至冷却室、接种室全程应设立无菌通道，力求将污染降到最低。料袋冷却到

25℃以下进行接种，料袋不宜过热接种。冷却室必须清洁、干燥、四周无有机垃圾，无杂菌、螨的污染，要定期打扫、清洁消毒。

5. 接种

接种必须严格按无菌操作规程进行。传统的接种用具有接种箱和超净工作台（图5）。

接种箱　　　　　　　　　　　　超净工作台

图5　传统接种用具

壶形袋和短棒形袋都是从一端袋口接种。接种前，将菌种在盛有消毒液的容器里面快速浸泡一下后提起再拿进接种室、接种箱或其他接种场所。可以用2‰的高锰酸钾液，也可以用其他消毒液，按说明书调至合适浓度即可。这一环节能有效减少菌种表面及菌种袋口棉塞或套环盖带来的杂菌，从而减少污染的发生。传统小规模生产在接种时，菌种瓶或菌种袋用75%酒精浸湿的棉花擦拭，拔去菌种瓶棉塞或菌种袋海绵盖，再放在酒精灯或其他形式的火焰上，用灭过菌的镊子除去表面老菌皮，将下部菌种挖松，捣碎成谷粒或豆粒大小，然后解开料袋袋口，舀取一汤匙菌种，倒入袋内表面。每一袋口接菌种一汤匙，接种后袋口仍以原来的方式扎紧。接好种后将菌袋搬入培养室。整个过程速度要快，动作要轻。

实际生产中，一些经验丰富的菇农，采用半开放式接种，通常在培养菌丝场所搭建简易接种帐或者在接种室内进行接种。接种前采用气雾消毒剂和电子消毒器进行消毒，接种时用手（经酒精消毒或戴上消过毒的胶手套）拿取菌种接种。有单人操作，也有多人配合操作，多人配合时，解袋口、重新封袋口和放种入袋需由不同人操作，按照操作快慢进行组合，通常一人放种配2~4人开袋、封袋、搬袋。这种接种方式要求经验丰富、动作要快，通常在秋冬干燥季节成功率更高。在南方春末夏初时温暖潮湿，杂菌感染概率大增，这种方式成功率大幅度降低，因此此阶段不提倡开放式接种。

随着技术提升，也有人采用自动接种机接种，其硬件要求高，投资大，接种室建设和接种过程要严格按设备说明书要求进行操作。

6. 菌丝培养

（1）菌袋放置。菌包可作墙式叠堆放在地面，也可直接竖放或用塑料筐装好后放于多层的床架上，还可以用专用出菇网格摆放。

（2）温度管理。培养温度控制在20～23℃比较合适，25℃左右虽然非常适合灵芝菌丝生长，但是一些品种容易发生菌丝未长满即出芝的现象。工厂化栽培时，菌丝培养温度在23～25℃时更容易发生此问题。

（3）湿度管理。培养场所空气相对湿度以低于75%为宜。空气湿度过高时，杂菌会通过袋口棉花塞、海绵盖或袋子的微小穿孔入侵，造成杂菌感染。

（4）通风管理。在培养室内，只要工作人员进去后感到舒适、清爽、不闷即可。气温低时2～3天开1次门，气温稍高时每天开窗或门通风1次。开门窗通风时间根据培养室大小和培养菌包数量不同而有所不同，一般30分钟左右或按经验操作，不能过度照搬他人经验。因为季节、培养环境条件、菌包数量等不同都会影响通风要求，如果是人工调控工厂化培养，按设计工艺自动调节即可。

（5）光照管理。灵芝菌丝生长不需要光照，光照会降低菌丝生长速度，使子实体提早形成。菌丝长满袋、出芝管理之前，培养场所尽量保持黑暗，检查时才开灯，检查完立刻关灯。此外，整个培养过程均要检查污染情况，发现杂菌污染及时清理。

7. 第一批灵芝出芝管理

菌包内菌丝长满后，气温达到子实体形成发育的要求时，可以开始进行第一批灵芝出芝管理。对出芝场所的温度、空气相对湿度、空气、光照等各种生长条件进行调节管理，尽量满足灵芝生长所需条件。灵芝代料栽培有室内和室外两种方式。室内栽培灵芝由于温湿度等环境条件容易控制，子实体生长快，处理得当，虫害基本不发生，产量高。室外大棚栽培的环境条件等方面的管理不如室内栽培方便，但因出芝环境空气好，光线均匀，昼夜温差比室内大，生长较慢，灵芝子实体菌盖相对较厚、质坚，光泽亮。

（1）室内出芝管理。从培养房、温度、空气相对湿度、通风换气、光照等方面进行介绍。

培养房要求：传统灵芝栽培房前后都要有窗，要能通风，有均匀的散射光（可电灯补光），培养房四周清洁，门窗最好封防虫网，有条件的在出入的门前设缓冲间。

出芝方式有分层架摆放、室内地面墙式堆放及专用出菇网格架子侧放等。

分层架摆放栽培出芝时，菌棒排放有两种。一种是竖放，这种方式层架宽60~120厘米，层距50~60厘米，底层离地面30厘米，层数一般不超过6层，顶层距屋顶不少于120厘米，床架间走道宽60厘米左右便于操作即可。壶形袋直立式放置时，将封口棉塞、海绵盖去掉，原基从袋口长出；扎线绑袋口的菌棒，可以直接在袋肩上用锋利小刀划个"十"字小口，长2~3厘米，原基从划口长出。棒形袋平放，菌棒之间均应有15厘米左右的距离（根据袋子规格大小确定袋与袋之间的距离）。另一种排放方式是横放（墙式叠堆式排放）出芝，床架宽20~40厘米，层距45~55厘米。菌棒排放一般都采用墙式层叠式多层放置。20厘米左右宽的床架只摆一排菌棒，出芝口一左一右错开摆放，尽量避免菌盖粘连在一起。40厘米的床架摆放时，出芝口向过道摆放，菌棒呈"品"字形摆放，可以使出芝时灵芝菌盖呈"品"字形错开，尽量避免菌盖粘连在一起。气温低时直接叠堆排放，气温高时每层菌棒间隔放小竹子、小塑料管2根，使上、下层菌棒间有一定距离，容易散热。墙式叠放的，每层架里放3~4层菌棒。

室内地面墙式堆放出芝时，一般都采用墙式叠堆多层放置菌棒，每层菌棒间隔放小竹子或小塑料管2根，一是为了摆放平稳，不容易倒下散堆，还可以使上、下层菌棒间有一定距离，容易散热，防止温度升高造成烧菌。墙式叠放的菌袋堆高不超过10个袋的高度，叠放过高，下层子实体生长会受到影响，同时也容易散堆倒下。具体叠堆多少层，要根据出芝场所光线、通风、温度等情况而定。栽培量不大时，特别是活体灵芝盆景栽培时，也可以选择室内竖式摆放。

随着栽培工艺技术改进，近年来，很多菇农采用专业公司制作的专门为秀珍菇、杏鲍菇等食用菌专用出菇网格架子来摆放灵芝菌棒。专用网格培养架具有安装方便、费用经济、便于管理等优势，菌棒间隔开一定距离，非常适合侧放出芝使用。摆放时，直接将袋子的盖子揭掉，灵芝原基从袋口长出。如果菌棒较大，预计子实体直径比较大时，可以"品"字形摆放菌棒或者隔开一个格子摆放。菌棒较小时，每个网格位置摆放一个菌棒。

温度管理：菌棒放置好后出芝室的温度应尽量达到22～28℃。出芝前和菌蕾期若较长时间低于20℃，则表面菌丝会萎黄、纤维化，以后子实体就会生长不良。自然条件下栽培时，前期要多注意天气预报，防止温度过低，同时做好保温措施。高温亦会抑制灵芝子实体的生长，所以，在灵芝生长期间尤其是菌蕾期，若室温超过30℃，应采用室内空间喷雾状水，以及向阳的门窗加盖黑纱网等减少阳光照射等方法降温。若降温措施无法降低菌棒内温度时，应该降低菌棒排放密度，防止高温烧菌影响产量。如果有空调，要根据温度情况进行降温。在广东大部分地方，4月初至6月初是自然条件下进行代料栽培比较合适的时间。

空气相对湿度管理：子实体原基形成和开片时空气湿度应保持在90%～95%。空气湿度低，子实体原基不易形成，形成的原基生长也慢，严重时甚至会僵化。但子实体菌盖长出、边缘有浅黄色生长圈时，空气湿度可以降到85%～90%。空气湿度稍低，子实体菌盖生长稍慢但菌盖厚。保持空气湿度的方法是在室内空间用喷雾器喷水，根据空气湿度的要求，每天喷1～2次或3～4次不等，也可用加湿器来维持空气相对湿度，一些机器已经达到自动控制水平，节省人工，不过投入比较大。如果采用喷水加湿，喷雾的雾点要细，每次的喷水量视子实体培养房内湿度情况而定，子实体生长到孢子粉释放之前，保持培养房地面湿润不干，甚至有些积水是保持湿度的基础。即使地面湿润，但室外空气湿度较低时，也要根据子实体生长情况适当喷雾加湿。

通风换气管理：灵芝子实体原基形成需要比菌丝生长更好的空气条件（二氧化碳含量较低，氧含量较高），而灵芝子实体菌盖生长时对空气的要求比原基形成期要高。原基生长期空气中二氧化碳含量低于0.3%即可，若二氧化碳含量过高，原基形成会推迟甚至不能形成。子实体生长时二氧化碳含量要求在0.03%～0.10%，若二氧化碳含量超过允许量，子实体菌盖就不能很好地生长，子实体就会柄长、盖小，或呈鹿角状、棍棒状。在二氧化碳含量较高情况下形成的子实体，其木质化程度低，孢子产量也低。整个栽培过程，在保持合适温度、空气相对湿度情况下，尽可能多通风换气，保证有足够氧气以满足菌盖健康生长。开门窗通风时，也要防止害虫进入。如果没有专门的二氧化碳测定仪器判断二氧化碳是否合适，可以按一些菇农的经验，即通过观察子实体生长情况和进入室内的感觉来判断，进入室内觉得清爽、舒服而不觉得闷，说明通风换气正常，可以满足子实体正常生长。如果发现菌盖畸形比例大，而且一些菌盖出现二次生长现象，说明通风换气不足，而且湿度偏高。通常栽培环境中的二氧化碳浓度在0.06%以下可满足灵芝子实体正常生长，超过0.10%时，大部分灵芝品种子实体会畸形，发育不正常。

光照管理：出芝前，对光照要求不严，光线是子实体原基形成和菌盖生长的必要条件，子实体菌盖形成生长时对光量的要求高于子实体原基形成时的光量要求。在弱光条件下（光线强度低于100勒克斯时），灵芝子实体原基也能形成，只是不能形成菌盖。实践证明，光照度大于200勒克斯时，子实体菌盖能形成并生长。室内栽培，光照度为1 500～3 000勒克斯时灵芝子实体原基、菌柄和菌盖都能正常生长。光照度超过10 000勒克斯时，灵芝同样可以正常生长，不过，强光有增温效应，在广东气温较高时，强光会引起温度升高而影响甚至抑制灵芝正常生长。栽培室内的光线要均匀，灵芝子实体有向光性，菌盖会向光源方向生长，光线不均匀，容易形成畸形菌盖，降低产品价值，当然也可以利用灵芝向光性进行造型灵芝栽培。在避免阳光直射的情况下，增强光线对菌盖质地，菌柄、菌盖光泽有正向促进作用。

（2）室外出芝管理。从出芝场所、菌棒覆土、菌棒埋土、覆土栽培、温度、空气相对湿度、通风换气、光照等方面进行描述分析。

出芝场所：室外出芝场所主要有塑料大棚、遮阴棚、各种树林下等。塑料大棚通常要铺设防雨水薄膜、防虫网及遮阳网，并配套通风、喷水、喷雾、加湿设施设备。树林、果林及瓜棚等场地出芝时，遮阴度不够的要用简易棚加遮阳网，并搭建小拱棚盖薄膜防雨。塑料大棚或遮阴棚材料可以用黑纱网，也可以用各种野草、稻草、树皮、甘蔗叶等材料，栽培者可就地取材和按照栽培习惯选择。场地整理好后，要搞好排水沟渠，防止下雨时积水，如果菌棒遭受积水，会严重影响出芝，甚至绝收。栽培前要对场地进行消毒和防白蚁等处理。菌棒摆放好后，要及时安放黄板等防虫用具。

大棚内出芝，菌棒摆放方式多样，可以像室内墙式叠堆或搭层架排放，与室内摆放方式一样，可参照本章室内出芝栽培相关内容，要注意排放方向，尽量使之操作方便和利于通风换气。还有一种方式是覆土栽培出芝，墙式排放单位面积摆放数量更多，覆土栽培摆放数量少，不过灵芝子实体有点像段木栽培的灵芝。

菌棒覆土：覆土前菌棒处理和覆土方式有多种。壶形袋的处理：一种是菌棒全都脱去，将脱袋后的菌棒埋入土中，菌棒可以横放，也可以竖放，菌棒之间距离一般不少于10厘米，菌棒越大，距离越宽，一般以灵芝成熟时菌盖不相连为最佳。另一种是菌棒不脱袋，分别在菌棒两头离端口2厘米左右的地方，用锋利小刀环切塑料袋并留中间位置，塑料袋与菌棒一起覆土，以竖放方式为主。还有一种是只将袋口棉塞或套环盖取下来，沿袋口培养基处将塑料袋切掉，露出菌棒表层培养基再覆土，袋口朝上竖放埋入土中。距离和前面方式相同。长棒形菌棒的处理：将接种穴口上的胶布揭去（若接种穴口少，菌棒身上再增加穴口，穴口间距离20厘米左右），卧放于土中，穴口向上，菌棒间留不少于10厘米的距离。

菌棒埋土：根据地形不同和雨水多少情况来选择埋土方式。雨水少、不积水的场地，可以整个棚埋菌棒，留出方便检查、采摘的过道即可。如果地势较低、雨水多，容易积水的栽培场所，要建畦，畦宽1~2米，畦中间稍高一些，防止积水，畦之间的走道宽40厘米左右。覆土用材料通常选用不含有机垃圾的沙或沙壤土，覆土时菌棒之间要填满土，不得有空隙，覆土厚度离菌棒最表面处通常是1～3厘米，表面用木板刮平。代料栽培覆土一般不能像段木栽培覆土那样露出少部分木段，即菌棒不能露出土面。覆土后随即喷水，覆土层应逐步喷湿，一次喷水量不能过多，不使游离水分渗入菌棒。喷水次数和量要根据天气情况和空气相对湿度来决定，保持覆土表面土粒不发白，土粒以手指能捏扁、不粘手为宜，覆土含水量约20%。直至灵芝采收结束，覆土层的湿度基本上都要保持这个要求。

遮阴棚覆土栽培：代料覆土栽培时，较少在遮阴棚内进行，这是因为有时实施农旅加餐饮结合项目，为了让游客参观灵芝室外栽培，又没有办法得到段木菌棒时会选用这种栽培方式。栽培场用土要求为黄土或园艺用土，最好是沙性土质，透气和排水性好。场地排水方便，四周无茂盛的高秆杂草。丘陵山区宜选避风位置。遮阴棚高2米左右，棚架用毛竹或小木桩作立柱，立柱间距2米左右，柱子间用小竹相连。棚架要坚固，能抗大风。棚顶用茅草或竹枝遮盖，棚内七分阴三分阳。畦宽1.5米左右，畦长不限（畦短操作方便）。畦之间的沟宽30～50厘米。一些有条件的菇农，也可以用钢管搭建，用黑纱网盖在上面，这种棚架可以连片搭建，比较牢靠。菌棒的埋土方法和要求与阳畦栽培基本相同，菌棒埋于土中后，畦上要再搭建小拱棚以便灵芝生长时有一个稳定的环境条件。建拱形塑料棚用毛竹片或细钢筋弯成拱形，两端插于畦两侧，每隔60厘米插一根，拱形架中间离畦面70厘米左右（小拱棚也可以根据各地习惯搭建）。建好后再在拱棚上盖塑料薄膜，可以将整个畦面盖住，薄膜可以根据通风等需要掀起。栽培场四周必须清洁，例如清除有机垃圾、朽木等，并注意白蚁及其他害虫的防治。

林下覆土栽培：根据林木遮阴度情况来决定是否需要加搭遮阴棚，隐蔽度达到70%以上，可以不再搭建遮阴棚。如果隐蔽度不够，可以用黑纱网搭简易遮阴棚，遮阴棚下面再根据实际情况搭建小拱棚，与遮阴棚埋土栽培搭建小拱棚相似，操作也一样。一些菇农初学灵芝栽培时要特别注意，一般短柄或无柄灵芝品种不要采用覆土栽培，否则，菌盖贴着土表生长，会沾到泥沙，严重时甚至影响灵芝品质，采摘也不方便。

温度管理：室外代料栽培覆土出芝主要依靠自然条件，菌棒覆土后到出芝阶段，若温度超过28℃时，拱形棚两端的塑料薄膜要根据具体情况揭开增加通风，棚内子实体生长出现缺氧异常时，要将覆盖的薄膜适当撑开，增加通风换气。若温度超过30℃时，调节遮阴棚上的覆盖物来遮挡更多的阳光。温度低于20℃时盖好塑料薄膜保温，有阳光时将遮阴棚上的遮阴物拨开，增加阳光照入量。保持棚内温度为22～28℃。温度控制的关键主要还是要把握栽培季节，选择当地最适合生产灵芝的时间段来开展生产栽培。在广东，大部分地区4—6月比较合适，不同地区也可根据当地气候特点安排栽培时间。在湛江、茂名等粤西靠近沿海地区，开展林下覆土栽培，11月下旬灵芝子实体都还可以正常生长。

空气相对湿度管理：覆土后应根据覆土含水量和灵芝大小适量喷水。所覆的土一直都应保持湿润，达到用手一捏即扁，一捏成团，松手掉地即散裂开，不粘手，达到这种状态的土壤其含水量为20%左右。灵芝菌盖未形成时喷雾的雾点要非常细小，雾状最好，且喷水量不可过多，子实体稍大时，喷水量可逐渐增加，子实体开始释放孢子后不喷水。现在大部分栽培者用自动或半自动喷雾装置喷水，节省人工，但喷雾设施不够好的会有喷水不均匀的情况发生，要注意观察，没有喷到的地方用人工补喷。

通风换气管理：出芝期间应根据灵芝菌盖生长、发育情况对覆盖的薄膜进行调节，适时揭开一定时间，以降低棚内空气中的二氧化碳含量，使灵芝生长良好。在正常情况下，子实体原基未出土时一般不需专门揭膜通气，在观察生长或喷水时开启覆盖膜即可达到通气要求。子实体原基出土后到子实体开片（菌柄长5厘米左右）这段时间，拱形棚前后两端的薄膜可卷起，不能过早大量通风。适当浓度的二氧化碳可以促使菌柄生长，菌盖不至于离地面太近而沾泥土，菌盖形成后棚内通风量要增加，通风面也要增多。菌盖展开后无雨时拱形棚上的塑料薄膜可全都揭去，棚四周也要揭起覆盖的塑料薄膜，这样子实体可长得厚而坚实。通风还要根据气温变化而变化，气温低时通风量适当减少，气温高时通风量要增加，下雨时顶部薄膜要覆盖好，防止雨水过多时直接淋在灵芝上。

光照管理：灵芝生长过程中，要求的光线相对平菇、草菇等更强一些，在温度较低的早春、初夏时，五分阴五分阳即可，盛夏时八分阴二分阳或一分阴九分阳，其他时间七分阴三分阳，不同栽培场所的位置，栽培者可以根据自己的经验通过调整遮阳材料掌握光线强度。灵芝子实体有向光生长的倾向，倘若光照不均匀，易形成畸形芝，如果以销售子实体和收集孢子粉为主的栽培，一定要保证整个出芝场所光线均匀。此外，白天有光就可以了，晚上无须补光，如果是完全人工调控栽培，原基形成和菌盖生长过程中可以一直补光。

8. 第二批灵芝出芝管理

以收获灵芝子实体为产品的灵芝代料栽培时，通常收获两批子实体。菌棒规格一般为单个菌棒超过2千克（湿重计），培养基配方营养丰富的情况下，在合适的栽培季节，管理得当有时可以采收三批子实体。

当第一批灵芝子实体达到采收标准时，即将子实体采下。同一批的尽可能2天左右采收完，实在达不到采收标准的移放到另一个地方或在栽培房的一侧，便于后续管理。子实体采收后，停止加湿5～7天，如果空气相对湿度太低，可在地面喷水，使地面潮湿，无须在空间喷水。不过，在正常栽培季节，很多地区特别是广东，空气相对湿度通常不会太低。子实体采完后，在短暂停止喷水期间，菌棒内菌丝会继续生长和为第二批子实体形成发育积累养分。停止喷水结束后，重复第一批灵芝原基形成、生长的管理过程，直至采收。

（五）灵芝人工调控工厂化栽培存在的困难、优势与前景

1. 现阶段灵芝人工调控工厂化栽培存在的困难

传统灵芝栽培以季节性栽培为主，随着栽培技术普及和市场因素影响，传统季节性栽培基本可以满足市场需求，目前人工调控栽培特别是完全工厂化栽培灵芝与传统栽培规模相比，栽培量还很少。人工调控工厂化栽培灵芝目前还未能普及发展主要有以下因素。

（1）与目前工厂化栽培的其他品种相比，设备重复利用指数低。采用固体菌种接种时，从菌包制作到子实体采收整个栽培期通常需要90天左右，如果收获两批子实体或增加收集孢子粉产品，时间更长。采用液体菌种接种时，菌丝培养时间可以缩短10天左右，整个栽培周期仍要超过80天。栽培周期长，周年栽培时场地、设备使用次数与金针菇、杏鲍菇等栽培品种相比相对低，投资产出比不高。栽培成本与传统季节性的灵芝栽培相比没有优势。

（2）灵芝不适合规模化瓶装栽培。开展食用菌工厂化栽培时，瓶栽是操作方便、效率高的常用栽培方式。栽培时收获产品的产量多少与瓶内培养料量多少呈正相关，栽培瓶的容积小，加上灵芝栽培生物转化率相对较低，单瓶产出的灵芝菌盖偏小，产量低。灵芝在培养过程中，会在栽培料的表面形成菌膜，韧性大，导致栽培料难以从瓶内挖出，增加工作量甚至导致瓶子使用寿命大大缩短。瓶式栽培瓶口大，出芝不定点，并因难以遮盖瓶口，导致水分散失快，影响灵芝产量和品质。实践还表明，瓶口大，原基要从瓶口长出，在瓶颈处要积累不少原基组织甚至一些原基封住瓶口后才能往上长出菌柄，一定程度上消耗部分营养，对总产量会有影响。瓶口设计小了，装瓶、挖瓶都不可行。

（3）单位面积的产能有待提高。栽培房单位面积内培养灵芝菌丝期间的摆放密度与其他食用菌品种相似，场地利用率不存在问题。但是，子实体生长期间，单位面积可以摆放的菌包数量与传统工厂化栽培品种如金针菇、杏鲍菇差距很大。灵芝子实体生长需要相对充足的氧气，二氧化碳浓度偏高会严重影响灵芝子实体生长发育，甚至不长菌盖。传统食用菌工厂栽培设备还未能很好地满足灵芝子实体生长阶段氧气需求。灵芝产品以收获菌盖为主要目的，通常菌盖大是保证产量和商品性状的关键因素，这就要求菌包之间不能摆放太密集，避免菌盖粘连在一起。灵芝子实体生长过程中需要较强散射光，如散射光不足，灵芝菌盖光泽则受影响。

（4）技术障碍。到目前为止，尽管有不少关于灵芝工厂化栽培研究和实践的文献，也有部分灵芝工厂化栽培取得了成功，如广东某生物科技公司实现灵芝栽培和孢子粉收集的周年生产。但与传统工厂化栽培食用菌品种相比，现阶段进行全人工调控的灵芝工厂化栽培，除少数已经掌握核心技术的企业以外，普遍缺乏工厂化调控系统性技术研究和足够的实践，这些工厂还存在一定技术性障碍。与传统季节性灵芝栽培相比，投入与产出仍存在一定差距，还有待进一步研究和普及整体技术。

（5）与段木栽培灵芝子实体相比，室内调控栽培商品外观性状还存在差距。灵芝段木栽培，通常在室外大棚、遮阴棚或林下进行，灵芝子实体有朵形圆整、质地致密、菌盖色泽好等特点，商品外观性状好，市场接受度高。室内人工调控栽培用木屑、玉米芯等原材料，采用代料栽培，子实体形状、质地、菌盖色泽等商品性状还难以达到室外段木栽培水平，当以整个子实体作为销售产品时，市场接受度相对差，价格也相对较低。

2. 灵芝人工调控工厂化栽培优势与前景

就目前情况而言，灵芝人工调控工厂化栽培与灵芝传统段木栽培或代料栽培相比，在产品质量安全、场地利用率、提高工作效率、产量稳定、满足特定需求等方面具有优势。随着技术成熟发展和市场对产品形式（如新鲜灵芝、鹿角灵芝、活体盆景灵芝、灵芝切片、灵芝茶等）、产品质量等方面需求的变化，预计灵芝人工调控工厂化栽培将成为未来灵芝产业发展的一种新途径，具有很好的发展前景。

（1）产品质量安全控制优势。从2000年起，常用的赤（灵）芝、紫（灵）芝就被《中华人民共和国药典》收录，作为法定中药材。2001年《可用于保健食品的真菌菌种名单》中包含赤（灵）芝、紫（灵）芝、松杉灵芝。2019年11月25日，国家卫生健康委员会、国家市场监督管理总局联合印发《关于对党参等9种物质开展按照传统既是食品又是中药材的物质管理试点工作的通知》，将赤（灵）芝等纳入其中。2021年国家市场监督管理总局发布关于《辅酶Q_{10}等五种保健食品原料备案产品剂型及技术要求》的公告，其中就包含了破壁灵芝孢子粉。为灵芝产业市场空间的拓展注入了新的活力，也对产品质量提出了更高要求。随着人们保健意识的加强，对以灵芝和孢子粉为原料的保健品、美容产品等的需求越来越大，因此投资灵芝精深加工产品的企业也越来越多。产品的精深加工需要供应稳定、质量可靠的原材料。以千家万户形式生产的段木灵芝采用露天栽培模式，受气候影响大，易发生高温、病虫等危害，且由于设施简陋，抗自然风险能力弱。覆土栽培也增加了重金属污染的概率，导致灵芝产品原料质量稳定性受到不同程度影响。灵芝代料栽培大多也是以小作坊式栽培为主，设施相对简陋，栽培水平差异较大，质量参差不齐。灵芝人工调控工厂化栽培，从培养料配制、装袋、灭菌到接种、菌丝培养、子实体生长，全程采用机械化操作、人工调控管理，将栽培环境调节在最佳状态，从源头对病虫害进行以物理措施为主的有效控制，且无须覆土，减少了土传病害的发生和传播。同时，智能化控制技术的应用，使灵芝的生长周期（含孢子粉收集）保持在100天以内，孢子粉采收时间相应缩短，可规避因孢子粉长期套袋或封闭收集而发生霉变等风险。代料灵芝人工调控工厂化栽培可满足市场和精深加工企业对产品原料稳定供应和质量的要求。

（2）与传统灵芝栽培方式比，场地利用率高。传统灵芝段木要覆土栽培，单位面积摆放的菌包数量有限，重量为2.5千克的菌包，每亩（亩为非法定计量单位，1亩≈666.67米^2）地只能摆放约5 000包，最多也不能超过10 000包。也就是每平方米只能摆放10包左右（含过道）。段木栽培虽然可以地面墙式堆放或床架式摆放，也因传统栽培没有温度、湿度、氧气、二氧化碳等的全人工控制，单位面积不能堆放太多。菌丝培养期间，也出于同样原因，导致单位面积堆放的菌包数量有限。灵芝人工调控工厂化栽培时，可以筐装密集堆叠摆放培养，甚至可以叠堆10层以上，每平方米摆放菌包数量可以远多于传统栽培。

（3）提高工作效率、产量更稳定。人工调控工厂化栽培时，采用代料栽培，可以机械化自动化生产，菌包生产期间与杏鲍菇菌包生产一样，生产效率大幅度提高的同时，实现减人增效。栽培过程中，可以根据灵芝生长需求，全过程实现温度、湿度、光照、氧气、二氧化碳程序化控制，最大限度地满足灵芝生长发育需求，使产量更高、更稳定。

（4）满足加工企业和市场对产品形式多样化需求。人工调控工厂化栽培可以根据灵芝加工企业需求，实施定制安排生产，与传统季节性栽培每年只栽培一次相比，周年栽培使灵芝和孢子粉原材料新鲜度得到更好的保证。此外，随着市场对产品多样化需求增加，如新鲜灵芝、鹿角灵芝、活体盆景灵芝等，灵芝人工调控工厂化栽培可以通过调节栽培环境的温度、湿度、二氧化碳浓度等获得满足市场需求的产品，而且可以不受季节影响，实现周年供应，具有广阔的发展前景。

（六）广东灵芝代料栽培集中制包、分散出菇管理实例介绍

1. 灵芝集中制包、分散出菇管理"韶关星河模式"

韶关市某生物科技有限公司探索出适合自身条件特点的集中制包、分散出菇、联农带农管理的"韶关星河模式"。该公司充分发挥技术能力强、设备设施齐全，且能大规模、高品质生产菌种及栽培用菌包等优势，将长好后的菌丝提供给栽培者（企业、合作社、菇农、农家乐经营者、旅游场所经营者、科普教育基地等），由公司技术骨干和科研院校的科研推广技术专家组成的技术团队开展技术培训指导、提供市场信息，由栽培者自行进行栽培管理和产品销售，部分栽培产品作为原料进入公司加工环节，提高产品价值。

多年实践总结的经验表明，在现阶段该模式与传统栽培模式相比，有如下优势：工厂化集中制作菌包与小规模栽培者相比，更有能力和条件通过各种资源和技术手段选择优良菌种，菌种质量经过检验合格后再投入生产，质量可控；机械化程度高，工作效率显著提高；采用代料栽培，与段木栽培相比原料来源广泛，制包、灭菌、接种过程实现机械化和自动化，生产工艺标准化，成功率高，减少生产风险；利用较好的生产环境控制条件，菌丝能生长得更好，可周年按需生产，为获得高产提供更好的保障；分散出菇栽培管理者无须投入菌包制作场所和设备等重资产成本，并可减少因技术因素造成的菌包污染等方面的损失；该公司自身可以提高设备的使用率、分摊降低生产成本，并通过技术培训、现场指导及网络远程咨询等方式，向栽培者提供栽培管理、病虫害防治、采收等方面的咨询服务，让分散栽培管理者有更高的成功率，提高效益，实现共赢。目前，集中制作的菌包已推广到韶关市本地和广东省内其他市、县。

2. 菌包接受者栽培管理和产品形式

（1）人工调控活体灵芝盆景周年栽培。传统灵芝活体盆景栽

培是季节性栽培，自然条件下，栽培销售时间较短，特别是非栽培季节无法满足市场需求。集中制作菌包采用完全人工调控周年生产，根据栽培者要求，一年四季均可定制菌包。开展活体灵芝盆景栽培可通过改造栽培房，增加人工调控温度、空气相对湿度、光照、通风换气设备，进行出芝管理，盆景可以直接销售，还可以供鲜花店、花卉批发市场、旅游景点等地方销售。

（2）新鲜灵芝栽培生产。新鲜灵芝销售，是近年来结合餐饮、美容、保健等消费而扩展的灵芝消费方式。其特点就是消费者需要新鲜未完全停止生长即还有生长圈的灵芝，常称作"金边灵芝"。销售方式可以像活体灵芝一样将整个菌包连新鲜子实体一起卖给消费者，也可以当子实体生长至一定程度（仍有约0.5厘米生长圈时）从柄的基部剪切下来不干燥，直接卖给消费者，还可以通过冷藏、冷冻保存，有需要时再卖给消费者。栽培管理跟活体盆景栽培一样，可以周年栽培供应市场。

（3）人工调控孢子粉收集。代料栽培收集灵芝孢子粉时，空气相对湿度、光照等的要求比子实体生长阶段更容易掌握和调节，空气相对湿度保持在60%～70%即可。孢子粉收集期间，人工调控栽培房可以不再喷水加湿，或者只在地面加湿即可。保持子实体生长时所需温度、氧气、二氧化碳浓度管理即可，光照度也不用栽培子实体那么强。人工调控下，孢子粉收集需要对菌包摆放架子进行围闭，有一定透气性的密布即可满足要求。通过围闭，孢子粉不会外逸，同时，可完全避免外界灰尘及其他杂质、害虫进入，从而获得高品质的灵芝孢子粉。孢子粉既可以按家庭式小规模管理方式收集，又可以按市场需求大规模管理方式收集。

三、灵芝段木栽培技术

灵芝段木栽培有熟料段木栽培和生料段木栽培两种。灵芝熟料段木栽培就是将栽培用的木段装袋、灭菌、接种、菌丝培养、出芝管理，采收获得灵芝子实体和灵芝孢子粉的生产过程，是目前灵芝段木栽培最常用的方式。灵芝生料段木栽培就是将未灭菌的木段直接接种、菌丝培养、出芝管理，采收获得灵芝子实体的生产过程。

灵芝生料段木栽培一般是在没有灭菌设施，原材料比较丰富和交通运输不是很方便的林地进行。通常更适合仿野生栽培，灵芝子实体质地更接近野生灵芝，灵芝生料段木栽培通常不收集孢子粉。

（一）灵芝熟料段木栽培

灵芝熟料段木栽培工艺流程：接种前准备（采伐→原木截段→装袋→常压灶消毒灭菌，11月至翌年3月）→接种（11月至翌年3月）→发菌管理（不少于60天，11月至翌年5月，发菌时间因菌包大小、木段质地及培养温度而不同）→灵芝栽培场选择（11月至翌年4月）→犁翻晒白作畦清沟（2—4月）→搭遮阴棚、小拱棚薄膜架及场地杀虫消毒（3—5月）→覆土栽培（3—5月）→出芝管理（4—9月）→采收（6—10月）→烘干→分级包装→过冬防冻（11月至翌年2月）→第二、第三、第四年重复第一年出芝管理、采收（经验表明，在广东粤北山区，大菌包段木覆土栽培一次接种，最多可以采收5年）→场地清理。

适宜灵芝生长发育的温度为23～28℃，段木栽培灵芝通常都在室外大棚、遮阴棚内或林下进行，难以人为精准调控温度，生产季节要根据出芝最佳的自然温度来定。在条件适宜情况下短段木接种培养60～75天后（不同气候条件、不同质地段木的培养时间有差异），即可覆土，再经过20～45天，子实体原基才会产生。合适环境条件下，以灵芝子实体为收获产品的栽培，从子实体原基形成到成熟采收还需40～50天。由于各地环境、海拔、气候条件及栽培习惯的不同，各地栽培的时间有较大差异，实施栽培时，特别是新手栽培，一定要根据实际情况来安排接种、下地覆土时间。

1. 原木的择伐

除松、杉、柏等针叶树，以及含有杀菌性物质的阔叶树如樟科、桉属等树种外，一般阔叶树的原木都能栽培灵芝，树种资源较丰富的有壳斗科的栲、椎木、黎蒴，蔷薇科的山桃，梧桐科的桐树，含羞草科的相思树，大戟科的乌桕树，木麻黄的木麻槭树科的枫树，山茶科的荷树，蝶形花科的檀树等。也可以参考香菇栽培树种，凡是可以用来栽培香菇的树种都可以栽培灵芝。

从秋天红叶结束至翌年春新芽萌动之前均可择伐，一般落叶树10月至翌年3月择伐，常绿树1—4月上旬择伐，或在木材砍伐中选用枝丫材（5～15厘米的口径）。择伐时留树根10厘米左右，从一面下斧，茬口斜面向阳，或者两面下斧，砍口呈鸭嘴形，这样可避免积水腐烂，不影响树木的更新，同时择伐时选生长在土质肥沃和向阳山坡的树木，其含养分较多，长在阴坡的就差些。

2. 截段

用锯子将原木锯成15～30厘米长的短段木（根据习惯和覆土时是竖放还是横放），即可装袋。如果原木已成干柴，也难以使木质软化复原，接种后菌丝生长不良，所以一般不用干柴。如果段木含水量偏低，可以用清水浸泡增加含水量。一般段木含水量为40%左右比较合适。一些菇农进行长段木栽培或进行大盆景灵芝栽培时，段木长度也有达50厘米或更长。此外，利用桑树枝条、果树修剪下来的枝条及其他树木枝杈等都可以截段捆扎作为段木栽培材料。

3. 段木装袋与灭菌

将30厘米的段木装进口径为22厘米，长为52厘米的低压膜塑料袋中，两头用绳子绑紧。一般直径大的段木单独一袋，小的可以多根绑在一起装袋。装袋时要特别注意，段木断面要平滑，不要刺破袋子。不同地方、不同栽培习惯的菇农，塑料袋规格各异，建议同一批次的规格尽可能一致，以便在灭菌摆放、接种及栽培管理过程中操作更方便，提高效率和产量。

灭菌通常用常压灶，这种灭菌方式达到100℃需6～10小时（不同规格锅炉和灭菌菌包多少都直接影响时间的长短），然后需要保持10～12小时，一些灭菌量大的有保持20小时的。温度切忌忽高忽低，应保持稳定。常压灭菌结束时，不能马上将灶门打开，应焖一段时间，待温度自然降到60℃以下才可出灶（具体出灶温度也根据当时气温和习惯而定），气温低时不建议降到自然温度再出灶。灭菌过程中，灶内补水时应添加热水。出灶后，菌袋从灭菌场所到冷却接种场所的搬运过程中，运输工具要事先清洗消毒，菌袋上要用干净的无纺布或塑料薄膜覆盖，菌袋应放在干净、干燥且四周无有机垃圾、无杂菌、无害虫、无灰尘的房间或塑料大棚内。

4. 接种与发菌

段木接种阶段，通常气温比较低，下灶后的段木，待温度降到

30℃左右（把装有段木的塑料袋贴在人的脸部不觉烫为宜）即可进行接种，不宜过冷。尽可能选择天气晴朗的日子接种，最好在清晨或早上。接种前把已灭菌的料袋搬入接种室内（或直接架设接种帐），用气雾消毒剂进行消毒，最好同时使用紫外灯消毒，也可用臭氧发生器。接种人员要更换上干净的衣服和鞋子，戴上口罩和手套进入接种室（接种帐）接种。常用开放式接种，4人为一组，1人用不锈钢汤匙装菌种（可戴上手套，也可消毒后直接手拿菌种），3人开袋接种，袋的两头均接上菌种，把菌种与段木切面压紧，有利于发菌，随即用消毒过的棉花做透气塞，并扎上橡皮筋，也可直接用绳绑袋口。每个袋口接入25～50克菌种，具体用种量根据栽培习惯、菌包大小、气温及预计培养时间而定。接种前，生产用菌种要预先消毒处理（可以用消毒液快速浸泡菌种后提取），避免把杂菌带进接种室。装段木的袋子如有破损，应及时套上灭过菌的备用袋或贴上胶布。

接种后的菌包应放在保温、遮光和干净卫生的室内避光培养，发菌室要用气雾消毒剂熏蒸消毒，如果地面不是光滑水泥地，最好在地面撒一些生石灰粉，一般消毒后1～2天即可使用。菌袋的堆放可根据气候和培养条件而定。低温季节接种的，栽培袋密度要高，以利于保温；环境温度高时，接种的栽培袋摆放密度要低，以利于散热。气温较低时，菌袋应立体墙式排列堆放，堆袋层高10袋左右。菌包叠好后关好门窗，必要时上面需覆盖保温薄膜或其他材料，但需留一定的通气空间。一般菌袋制作时气温都是比较低的季节，初期温度一般不会偏高。后期，特别是菌丝长透，快要进行覆土栽培前，往往环境温度已经慢慢升高，要注意防止菌包堆内局部温度偏高烧菌。

培养室或棚内温度最好能控制在20～22℃，2～3天后菌种菌丝开始萌发，一周内把培养室温度逐渐提高到22～26℃，有利于菌丝生长，7天左右菌丝会连结成片。发菌环境初期空气相对湿度应维持在60%～65%，7天后控制在70%左右。菌丝生长首先在段木的表层形成明显的菌丝圈，然后逐渐进入木质层和髓部，沿维管束生长。一般接种15天，随着菌丝生长，呼吸量逐渐加大，袋内会有大量水珠产生，这时需加强通风。每天根据天气情况午后开门窗通风换气1～2小时。培养25天左右后，菌丝可长满整个段木表面。由于菌丝大量生长产生热量，室内温度也会随之升高，这时应采取各种措施控制温度的变化。通过打开门窗换气，可增加袋内氧气，促进菌丝向木质层生长。在培养过程中，菌棒位置需上下、内外翻堆。这样既可以在轮换中及时发现并处理已被杂菌感染的菌包，又可在菌包搬动时，促使菌丝断裂，加速菌丝向木质层渗透定植。经过65天左右培养，发菌阶段可完成。这时段木之间连接紧密，难以分开，表面有少量黄褐色菌皮出现，用手重压段木时感觉有弹性，段木重量减轻，劈开段木，会发现木质部已有淡米黄色菌丝，并在棉塞上出现原基，这时可安排下地种植作业。

经验表明，段木接种作业，最好在每年11月至翌年2月完成，此时气温低，空气相对湿度较低，杂菌少，污染轻，人工加温至20℃左右发菌，菌丝密且强壮，虽然走菌时间长一些，但对下地后出芝的产量与质量都十分有利。当菌丝长至段木内时（约30天）进行翻堆与并堆，并将菌包一头的袋口适当松开，以加大通气，并拆去发菌室部分门窗的遮光物。通气、透光，可促进菌丝发育成熟。实际生产中，发育成熟的段木菌包常称作菌棒。

5. 菌棒覆土

（1）栽培场地选择。灵芝栽培场地最好选择在海拔300～800米，夏季7—8月气温在35℃以下，6—9月平均气温在25～27℃的地区。以朝东南、坐西北，水源方便、腐殖质多、肥沃的酸性沙质泥土的山谷、农田、林地或果园为宜，并且四周有绿树成林或一面朝向溪流河水或水库（但应考虑不能受洪水为害），可以减轻夏季热气浪的影响并且增加栽培场地的氧气和湿度，促进灵芝的生长。选择这样的小生态环境，栽培出来的灵芝质地坚硬，菌盖肥厚，色泽明亮，晒干后菌盖不皱不缩，品质优良。经验表明，在广东，选择适当高海拔的粤北地区进行段木栽培，与低海拔珠江三角洲或粤西沿海地区相比品质较优。粤北地区在秋末、冬季、春初不长灵芝的季节，温度较低，菌棒内菌丝处于休眠状态，营养消耗少。相反，在低海拔地区，秋末、冬季、春初不长灵芝的季节，气温较高，菌丝未能较好地休眠，甚至有时会长出一些原基，消耗的养分多，杂菌、害虫危害也多。同样的菌棒和管理方式，珠江三角洲地区收获的时间（年度计算）和产量都比粤北山区少。

（2）搭建遮阴棚。遮阴棚+拱形农膜架，高海拔区遮阴棚可低些（2.1米左右），遮阴疏些（七分阴三分阳）；低海拔区遮阴棚可高些（2.4米左右），遮阴密些（八分阴二分阳）。畦宽1.5米左右，以每两畦搭一个"人"字形或拱形农膜架（塑料薄膜棚），中心高度一般1.7米，便于管理人员进出行走，这种棚架保温、保湿性能好、出芝整齐、产量质量都好。如果采用银灰色农膜，可减少草帘和黑纱网。遮阴棚四周加挂草窗，春季和夏初起保温作用，盛夏可防热风，起降温与保湿作用。一些菇农只搭建遮阴棚，不搭塑料薄膜拱棚，这种情况适合在遮阴棚面积比较大、空气相对湿度高的情况下进行。不同产区，有不用模式的遮阴棚搭建方式，初学者最好多实地参观考察，不能照搬书本。

近年来，灵芝林下栽培方兴未艾。林下由于通常在山坡上，地势不平坦，不过荫蔽度较大，林下灵芝段木覆土栽培无须搭建遮阴棚，直接覆土栽培即可。尽管从劳动效率角度来说，灵芝林下栽培与遮阴棚或大棚栽培相比，操作没那么方便，产量也相对较低，并且不能收集孢子粉。不过，林下仿野生栽培的灵芝质地更坚实，口感更好，所以价格较高，广东不少山区如韶关、梅州、清远等地，一些菇农、合作社及企业结合当地实际，开展灵芝林下覆土栽培。

（3）菌棒覆土。菌棒的处理，通常接种后70天或更长时间（具体时间与菌包大小、培养期间温度等因素影响有关），灵芝菌丝可以走透段木，整个段木表面都呈白色菌丝，菌棒表面用手指压可以感觉到绵软，如果温度合适，接种一面的棉塞里会出现灵芝原基。此时即可安排搬入栽培场，原则上先接种的菌棒先下地覆土。覆土前先将牛皮筋解下，用一利刀将菌袋划破，脱下菌袋。也可以只切去袋口处塑料薄膜，塑料袋其他部位不去除，还可把菌包两头离端部2厘米左右的薄膜去除，中间部位不去除，这些处理方式与栽培场地保湿条件、病虫害危害程度及栽培者的习惯有关。

菌棒摆放覆土。先用长绳子按每畦宽度及留沟打桩拉绳，每3人为一组，2人用锄头在畦面横向挖浅沟（深度根据菌棒直径大小及摆放方式而定），另一人随即将菌棒排播成一列，菌棒两头之间间隔10厘米，相隔10厘米再排一列，并覆上沙土，菌棒最上部分覆土厚3厘米左右。覆土后，喷1次水，根据覆土材料含水量来确定喷水量，土壤的湿度以"手握成团，甩手能撒"为度，含水量约20%。

6. 出芝管理

（1）出芝前的管理。保持覆土干而不燥（覆土表面不白），湿而不粘，一般晴天喷水雾1次，阴天隔天喷水雾1次，具体视土壤含水量而定，保持土壤含水量在20%左右。

（2）原基出现时的管理。在气温、湿度等条件适宜情况下，菌棒覆土后7～10天，也可能要等更长时间，甚至40天才出现原基，影响原基分化的因素有多个，其中培养基的含水量在60%～65%较为合适，最有利于子实体原基的形成分化，较低或较高的含水量都会使原基分化推迟，空气的相对湿度在90%时也有利于原基分化，低于60%原基不能分化。气温超过20℃原基容易开始分化，25～28℃最适宜，全黑暗中生长的菌丝原基也不能分化，若经过一段时间光照再放入黑暗中，原基就能发生，空气中二氧化碳浓度超过0.1%后能使菌柄不断分枝，不能形成菌盖。

原基分化期间，出芝环境空气相对湿度应保持在90%左右，晴天每天喷水1次或更多，视环境湿度而定，阴雨潮湿天气，根据湿度情况决定是否喷水。当原基逐步伸长生长时，要对出现过多的原基进行去弱留强，每个段木上保留1～2个粗壮的原基，去掉细弱的原基，并用向空中喷水雾的办法，以防喷水将泥沙溅到灵芝原基或形成的菌盖上面，否则影响灵芝品质。

（3）菌盖展开时的管理。原基发育后，向上生长渐渐形成柱状菌柄。原基大，其菌柄就粗，菌柄粗的灵芝一般菌盖就大，但空气中二氧化碳过浓及光照不足，会使菌柄细长，自然光照度低于300勒克斯不利原基的分化。菌柄发育到一定程度，在环境适合的情况下，在菌柄顶端的一侧出现一个突起，这就是菌盖的原基，菌盖原基发育后，菌柄就停止生长，菌盖生长向两个方向，一个方向是以菌柄为中心，沿水平方向呈扇形或半圆形向外生长，使菌盖不断扩大；另一个方向是菌盖下表面的垂直向下生长，向下生长的同时分生菌管不断加长，使菌盖不断加厚，由于近菌柄部分加厚的时间长，而靠菌盖边沿部分加厚时间短，因此菌盖基部厚，边缘薄，菌盖发育后期，菌盖发育成棕褐色的皮壳，白色边缘也消失，随后保留20天左右，菌盖虽不再长大，但菌盖仍可增厚，菌盖沿出现2～3个增厚线纹，菌盖色泽变深，质地变硬，菌管中孢子还在继续发育。在这段时间里，发育成熟的孢子会不断从菌管中释放出来。

在子实体生长期间，空气相对湿度应保持在90%～95%，灵芝场喷水次数适当增加，向棚内空间喷射水雾，以达到降温与保湿效果，喷雾用水的水质要清洁，否则灵芝菌盖上会沉淀泥粉，影响品质。选择雾点细的喷头朝空间喷雾，让雾点自由落下。当子实体边缘白色消失时，喷水减少或停止，保持湿度80%～90%约20天，以利于菌盖增厚，提高子实体质量。

栽培经验不足或刚开始栽培，为了掌握灵芝栽培场气温、湿度、土温的变化情况，从菌棒覆土开始至灵芝收获这段时间内，工作人员必须每天记录灵芝场离地面约50厘米高处的气温和空气相对湿度，同时记录土表15厘米深处的温度。每天3次，分为早上8点、下午2点、傍晚6点各1次，及时掌握环境温度变化，以利于采取有效管理措施，也为积累经验使日后更好地提高栽培管理技术收集数据。

（二）灵芝生料段木栽培技术

灵芝生料段木栽培一般是在没有灭菌设施，原材料比较丰富和交通运输不便的林地进行。栽培场地要求跟熟料段木栽培相似，多数在林下仿野生场栽培。

1. 砍树切段

冬季落叶后或春季萌动前砍伐，段木直径要求10～30厘米，伐后剔去枝杈，保护好树皮，搬运至栽培场附近，锯成长1米左右的木段。向地面撒石灰，木段呈"井"字形堆叠至1.5米高左右，用石块搁空，使底层离地面20厘米，顶部搭遮阴棚防日晒、雨淋，使段木失水促组织死亡。至接种时，以含水量约40%，段木断面可以有微细的裂纹为宜。

2. 打孔穴接种

3月气温回升，即可开始接种。若段木失水过大应压入清水中浸泡10～15小时，捞起摆放在通风处晾干树皮。无法水浸时可以喷水加湿，可以通过多次喷水达到水浸效果。然后用锤形打孔器安装上直径1.2厘米的皮带冲或用电钻在段木上打孔穴，孔穴直径约1.2厘米，穴距约10厘米、行距8厘米、深约2厘米，呈"梅花"形错开。一边打孔一边接种，每穴接入成块菌种，适当压实，使菌种与空穴内壁充分接触，随即用事先准备好的树皮盖住穴口。接种时要注意，塑料袋装菌种，要随开随用，如果是瓶装菌种，挖出的菌种上要用干净容器装，要随挖随用，以免失水，影响菌丝活力。

3. 菌丝培养管理

此阶段通常气温还比较低，选向阳处把接种后的段木依树种和粗细分开，"井"字形叠放在垫石上，高1.5米左右，覆盖薄膜。前期白天接受阳光增温，有条件的话晚上薄膜外覆盖草帘保温，堆内温度尽可能保持在20℃以上。湿度以薄膜内壁具水珠、树皮盖保持湿润为度，薄膜水珠太多而下流呈水线则表示湿度过高，高湿和密闭的条件下易招致霉菌发生，晴天中午应适当通风降湿。每10天左右翻堆1次，将段木上下、内外调换位置，使温、湿度保持一致。清明节前后，气温升高，晴天中午将薄膜撑起，防高温袭击，控温28℃以下，到5月温度逐步上升，白天揭去薄膜通气，晚上根据气温情况覆膜保温，若段木偏干可酌情喷雾保湿。经2个多月发菌，菌丝长满断面即可覆土栽培。

4. 覆土栽培

大棚搭建、土质要求、开沟整畦等与短段木熟料栽培相同。畦上距离每20厘米左右开1条沟，沟宽根据木段直径而定，沟内撒生石灰粉，将段木水平方向横卧摆放在沟内，亦可将段木切成长度25～30厘米再覆土。覆土高出段木约3厘米，酌情喷水保持土壤潮湿即可，促使菌丝继续向木质部深处生长。进入梅雨季节注意棚内通风，加深和疏通排水沟防止畦内积水。随着气温不断上升，增加覆盖物和喷水降温，做好棚内外清洁卫生工作。约经半年发菌养菌，菌丝达到生理上成熟，当气温下降至子实体发生的适宜温度时即会有子实体原基形成。

5. 出芝管理

温、湿、光、气调控，以及后期保温、越冬管理等与段木熟料栽培相似。段木生料栽培灵芝一般可采收3年左右（因段木粗细和致密度不同而有差异），第一年通常采收1批灵芝，随后每年可收2批灵芝。栽培结束要及时清理场地，用于轮作或下一次栽培。

（三）广东梅州山区段木林下仿野生栽培紫（灵）芝实例介绍

紫（灵）芝与赤（灵）芝相比，有特殊的清香味，没有苦味，林下栽培的紫（灵）芝子实体煮水的香气和口感更有特色，深受灵芝消费者喜爱，利用自然生态环境林下栽培紫（灵）芝能够充分利用林地资源和山区劳动力，固定投资相对较小，达到降低生产投资成本的目的。覆土栽培1次，可以连续采收3年，每年采收2批灵芝子实体，一些长段木菌棒，甚至可收4～5年，栽培后的段木废料会慢慢腐烂，可以增加林地的腐殖质，有利于进一步促进林木的生长。梅州市农林科学院微生物研究所（原梅州市微生物研究所）和广东省农业科学院蔬菜研究所食用菌研究室，借鉴江西寻乌、福建武平等地紫（灵）芝栽培经验，在梅州梅江区、平远县、蕉岭县等地，跟企业、合作社和菇农结合当地气候特点，经过多年的摸索实践，总结出一套适宜广东梅州山区的紫（灵）芝段木林下仿野生栽培技术。

1. 栽培工艺流程

段木林下仿野生栽培紫（灵）芝工艺流程见图6。

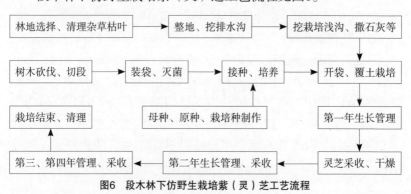

图6 段木林下仿野生栽培紫（灵）芝工艺流程

2. 林地选择

选择远离公路主干线、畜禽圈舍、垃圾场等污染源的林地。空气清新、污染少、水源卫生、浇灌方便。产地环境符合《无公害食品 食用菌产地环境条件》（NY 5358—2007）的规定。

3. 季节安排

根据紫（灵）芝生活习性和梅州市山区气候特点，通常安排在8—9月砍树、截段作栽培用的段木，9—10月制作菌包，培养菌丝，翌年3月底到4月上旬覆土栽培，5月底开始出芝。

4. 段木树种选择

通常能栽培香菇、木耳的树种均可用于紫（灵）芝林下栽培。梅州市以椎树、枫树、荷树、黎蒴、板栗等为主要栽培用树，树木直径以8～25厘米为宜，一般装袋前15天左右砍树。松、柏、桉、樟、杉等树种不能用于紫（灵）芝商业性栽培。

5. 菌种制作

菌种是关系到栽培能否成功的关键因素之一，应选择适宜当地栽培的具有稳定性、丰产性、抗杂菌能力较强的优良紫（灵）芝菌种，如紫（灵）芝8号、武芝2号等。良种菌株（母种），每年分离纯化保存并进行出芝试验，确定品种性能优良才进行推广栽培。母种为马铃薯葡萄糖琼脂（potato dextrose agav，PDA）培养基，原种、栽培种培养料配方为杂木屑78%、麸皮20%、石膏粉1%、蔗糖1%。菌种制作根据制包时间节点和菌种培养时间需求确定。母种培养时间10～15天，原种培养约30天，栽培种培养约30天。

6. 菌包制作

（1）切段、装袋。装袋前1天或当天将树木截断，并锯成25厘米长的小段，断面应平整，段木四周要打磨光滑，去掉毛刺，以防刺破菌袋。选用耐高温、抗拉力的聚丙烯塑料袋，料袋规格为长50厘米、宽26厘米、厚0.6毫米。装袋过程中要小心谨慎，避免段木划破料袋，段木放入后要尽量减少缝隙，并将两头分别设置成活结。

（2）灭菌、冷却。菌包装袋后，放在灭菌层架上摆好，根据常压灭菌锅的容量大小控制好菌包数量，确保高温气体在锅内菌包之间均匀流动，锅内没有灭菌死角。菌包入锅后，要迅速烧大火升温，容量为3 500包的灭菌锅温度上升到100℃需要10小时，控制好火候，持续保持这个温度30小时。停火后待温度下降到80℃以下方可出锅，将灭菌好的菌包转移到接种室，等待接种。

（3）接种。接种室设在场地干燥、卫生条件良好、地势较高、便于清洁的地方。接种室一般20米²左右为宜，同时要求门窗封闭、干净。接种前4～8小时用消毒剂对接种室进行彻底消毒，采用两头接种的方式把菌种接入菌包，每端接入30～40克菌种，段木断面和部分袋壁或缝隙内要有菌种，使之多点发菌，接种后扎紧袋口，平稳堆放。

7. 菌丝培养

接种好的菌包移入消毒好的培养室或遮阴棚培养。菌丝生长阶段不需要阳光，保持室内黑暗，温度控制在25℃左右，空气相对湿度控制在65%左右，视菌丝生长情况进行通风换气。培养初期一般在菌堆上面覆盖薄膜保温，发菌50天后对菌袋进行翻堆，促进菌丝生长均匀。菌丝生长中后期，若发现袋内产生黄水，要加大通风量。一般培养约100天，待菌包表层菌丝洁白浓密，菌包里木片之间紧密相连不易掰断，或菌包断面有豆粒大原基形成时，即可下地覆土栽培。覆土栽培通常在清明节前后进行。

8. 栽培管理

（1）菌包覆土栽培。一般选择遮阴度75%以上的林地进行栽培，山腰或山脚更为适合，山顶因为阳光太强、不易保湿不适宜紫（灵）芝栽培。栽培前，应对栽培地块上的小杂木、杂草、枯叶等进行清除。容易积水的场地要开排水沟，必要时起阳畦或地面直接摆放脱袋后的菌棒（脱去薄膜袋的菌包通常称作菌棒）再覆土。地势较高或不容易积水的场地最好挖浅沟栽培，以保证合适的湿度。浅沟的密度根据林地中树木密度灵活掌握，一般沟深35厘米、宽25厘米左右。覆土栽培前最好在摆放菌棒的地方撒一些石灰等，然后将培养好的紫（灵）芝菌包脱去塑料膜，断面上出现灵芝原基的朝上，45°斜放入沟中，并覆土。无论以哪种方式摆放菌棒，覆土厚度一般离菌棒顶部为3～5厘米，土壤湿润的覆土后不用淋水，土壤干燥的覆土后喷水保湿或加盖落叶、稻草或透气性塑料薄膜保湿。尽可能4月中旬结束覆土栽培操作。

（2）出芝管理。林下仿野生灵芝栽培不需要复杂的人工管理，栽培后一般不用喷农药、除草，有条件的根据湿度情况进行喷水加湿。覆土后2个月左右出现灵芝原基，起初原基为白色或褐色肉瘤状，温度适宜时逐渐分化出菌柄和子实体。

紫（灵）芝是中高温型食用菌，生长在夏季，病虫害较易发生。控制病虫害，除了做好基质要灭菌、接种无菌操作、生长环境保持卫生等措施，还要注意观察和防治出芝期间的害虫及裂褶菌等杂菌为害。发现白蚁时采用白蚁药剂诱杀，如发现蜗牛，一般采取人工捕杀。在菌包栽培覆土后，如发现有裂褶菌等杂菌，可用刀等利器将污染处刮去，涂上波尔多液等药液；严重污染的，烧毁有杂菌的菌棒。

9. 采收与加工

当紫（灵）芝菌盖边缘白色生长圈全部消失，子实体不再生长呈现木质化时即可采收，即一般在子实体开始释放孢子粉前或刚释放孢子粉时进行采收。采收时从柄基部用剪刀剪切或用手轻轻摘下，之后将杂物清除。6—7月是紫（灵）芝的盛产期，紫（灵）芝采完一批后，在条件适宜时，会再形成原基并发育成第二批灵芝。第一批灵芝采摘后，剪切"伤口"要及时用湿泥土盖上并压实，再盖一点树叶，10～15天后，第二批灵芝原基会长出。林下栽培的紫（灵）芝，每年能采收两批，栽培一次，可收3～4年。

紫（灵）芝采摘后，要及时烘干或晒干，含水量一般不要超过12%，并用食品专用双层塑料袋装好密封，置于阴凉干燥处保存，一般可保存24个月。需要长时间保存的，在包装前根据天气和灵芝干湿情况，在60～70℃环境下烘烤约60分钟，杀死害虫及虫卵。保存期间要勤检查，注意防潮，以免发霉、虫蛀，影响质量。如发现有虫害要及时再烘干杀虫。紫（灵）芝也可加工成灵芝切片、灵芝茶、灵芝泡酒等进行销售。

四、灵芝树桩栽培技术

灵芝树桩栽培技术是利用树桩为栽培原料进行灵芝栽培的一种栽培方式，属生料栽培。即将灵芝栽培种接种到砍伐后的树桩上，通过适当管理获得灵芝子实体产品。属于废物利用，而且根部养分充足，有仿野生灵芝的栽培效果，管理得当易达到优质高产，值得在山区和林区推广应用，果树林砍伐后，如果树桩没有其他用途，也可以开展灵芝栽培。

选用砍伐后不准备再用来长新苗的树桩，树种是可以用来栽培食用菌的无毒阔叶树，当年砍伐的残留树桩最好，要求粗壮、无病虫害、未霉烂。

接种前，在树桩外约1米的地方将粗的根切断，并挖去其下部泥土晾晒树根10天左右，使树根含水量降至40%左右。树根周围撒一些生石灰，同时做白蚁防治处理，然后用电钻或皮带冲在树根上钻接种穴，孔穴直径约2厘米，穴距10厘米，行距5厘米，深3～5厘米，呈"梅花"形错开。随后尽快接入新鲜、健壮、成块的菌种，松紧适中。接种穴表面要盖上相同大小的树皮圈或用溶解的石蜡封住，再覆上厚度为3厘米左右的腐殖土，4周开好排水沟，不使雨水进入接种穴。上面再覆盖枝叶、茅草等保温保湿，如果雨水多，还要盖上薄膜防雨水。

接种后栽培处环境保持七分阴三分阳，20天后，菌丝已定植，覆盖的薄膜应揭去，覆盖的枝叶、茅草等不用揭开，防止土壤干燥。如果久旱无雨，覆土发白，需浇水保湿，土壤湿度保持手捏得拢，不粘手。在广东，树桩栽培灵芝，通常3—4月接种，生长快的6—7月就有灵芝长出，慢的要5个月以上。如果子实体原基发生多而密，应修剪部分，在一定距离内保留1个生长健壮的原基，以利于养分集中供应，取得优质高产。子实体发育阶段，注意湿度和光照的管理，保持土壤湿润，光照太强要设法遮阴。整个过程温度、湿度、光照等管理与段木灵芝栽培相同。管理得当1年可以收2～3批灵芝。进入冬季应增加覆盖物，使其安全越冬。翌年3月后重复出芝管理。通常树桩栽培可采收2～3年，大树桩甚至可收4～5年。

五、灵芝盆景栽培技术

不同品种灵芝形状、颜色不同。灵芝菌盖有圆形、肾形、扇形等多种形状，又有环状、云状、棱纹及辐射状皱纹；菌柄有长有短，有侧生、偏生或分枝等。灵芝生长速度、菌柄长度、菌盖形状等受营养、环境条件影响较大。根据灵芝的这些特性，通过选取不同品种，采用不同培养基配方，人为改变生长期间的光、温、水、气等条件，可以达到抑长、助长和造型的效果，栽培出不同大小、造型各异的灵芝，作为盆景观赏。近年来，灵芝盆景栽培及制作成为灵芝栽培的一个热点，发展迅速，具有较好的发展前景。灵芝盆景分三大类：第一种是简易新鲜灵芝盆景；第二种是栽培出各种形状的灵芝后经干燥处理和适当加工，制成干品灵芝盆景；第三种是采用普通灵芝或栽培的造型灵芝，用树根或其他材料通过人工拼接成有欣赏价值的盆景。

（一）灵芝盆景栽培的环境条件控制原理

灵芝子实体原基形成、菌柄分支及长短、菌盖生长等都受温度、空气相对湿度、氧气、二氧化碳及光照等因素影响，还会受到一些化学药剂的影响。此外，灵芝子实体生长过程中（菌盖未成熟期前），灵芝子实体细胞脱分化能力强，组织受伤后具有较强的愈伤机能，使灵芝嫁接容易成活。灵芝盆景栽培就是利用灵芝上述特性，栽培出形状各异，可以当盆景欣赏的一种艺术品行为。

1. 温度控制原理

灵芝子实体在18~30℃时均能分化，但菌盖形成的最低温度为22℃，一般在22~25℃时最适宜。适宜条件下，温度偏低时，菌盖较厚；温度偏高时，菌盖较薄，生长也较迅速。灵芝子实体在10~20℃的环境中，只长菌柄不易长盖。在这一基础上，若营养充足菌柄就粗壮，营养不足菌柄就细小。

2. 空气相对湿度控制原理

灵芝子实体生长的空气相对湿度以80%~95%比较合适，在灵芝子实体发育过程中，当空气相对湿度达到95%以上时，会造成两大生物障碍：一是使空气的流通受到影响，从而导致氧气缺乏；二是使子实体的蒸腾作用受阻，进而使菌丝对营养物质的运输受到阻碍，灵芝子实体的生长速度减缓，发育出现畸形，出现很多瘤状突起的小球。在这一基础上能培育出一体多盖或灌木丛生状的灵芝。也可在这一阶段把其他理想的形状接入这个子实体上，能简化并降低造型的难度。

3. 氧气控制原理

充足的氧气是子实体分化菌盖的条件之一，因为充足的氧气是子实体旺盛呼吸的基础，充足的氧气在菌丝体内能分解更多的营养并输送到菌盖部位，为其生长奠定基础。想要灵芝菌盖生长良好，环境中的二氧化碳浓度就要低于0.1%，即以人在室内感觉空气比较清新为标准，加强通风换气是氧气充足的关键手段。在高浓度的二氧化碳条件下，菌盖则难以生长，不易开展，易产生出数量不一的分枝，继续保持这一环境，分枝将不断伸长。原因是当灵芝子实体没有充足的氧气时，子实体的前端呼吸受阻，生长点前移而使菌柄拉长。一般二氧化碳浓度在0.1%以上时，人呼吸感觉发闷，要做到这一点就要减少通风或不通风。通过控制二氧化碳浓度变化，可使灵芝菌盖边缘上二次分化出原基，使灵芝栽培有更多选择。

4. 光照控制原理

光照能刺激灵芝子实体原基分化和促进其发育。散射光线充足的情况下，菌盖能良好地发育扩展，较暗的光线能抑制菌盖的扩展，也可以完全黑暗，但必须间断性地给微量的散射光，否则会影响灵芝子实体的新陈代谢。灵芝子实体的趋光性很强，在有光源的一侧灵芝生长点生长较慢，背光一面的生长点生长较快，这样灵芝子实体就向光源的方向生长。光照强度还影响菌盖、菌柄的色泽及子实体的致密程度。

5. 化学药剂控制原理

利用一些药剂，如酒精、高锰酸钾等能杀伤灵芝子实体细胞，一定浓度的药剂可使菌柄、菌盖生长不均匀，从而导致菌柄、菌盖偏生、结节、粗柄等。此外，利用营养激素也可以使灵芝获得一定的造型，利用一定浓度的植宝素或其他一些生长刺激素，对近似老化的组织进行涂擦，可以使其恢复一定的生长机能，对其嫁接和继续生长都有一定的作用。

（二）简易活体灵芝盆景栽培

1. 栽培基质

简易活体灵芝盆景栽培可用木屑、玉米芯等代料栽培材料和段木栽培材料，培养基配方及栽培树种及处理方法参照灵芝代料栽培和段木栽培相关内容。

2. 栽培季节

可以参照各地气候特点按正常栽培季节进行栽培，参照灵芝代料栽培和段木栽培相关内容。亦可根据市场需求人为调控栽培环境的温度、湿度、光照及通风等来安排栽培时间，比如在广州，通过人为调控栽培环境，控制灵芝生长，使活体灵芝盆景上市时间控制在春节期间，与年花一起出售，效益明显。也可以根据客户需要进行定制栽培。

3. 栽培场所

在室内和室外大棚均可以进行，也可结合农旅项目在果树林下栽培。室内栽培需要光线充足并可控（灵芝有向光性，通过调控可以改变造型），可以通过开关门窗来调节通风换气，进而调节造型，室内栽培一般直接在地上排放管理。大棚栽培时，可采用普通的塑料大棚改建而成，外层覆盖遮阳网，以达到七分阴三分阳的光照强度，遮阳网下覆塑料膜，可增强保湿能力。大棚或林下可以再搭小拱棚，以便通过调节通风、透光量等来控制灵芝生长，获得不同造型。

4. 选择品种

根据灵芝各品种的不同特性，可选择不同类型、颜色各异的品种来做盆栽活灵芝。一般选用多分枝、柄较长、少孢子粉的品种为好，通常不选用无柄或短柄灵芝品种。此外可以通过多品种试种来选择。

5. 菌包制作、菌丝培养

培养基制作（木屑、玉米芯或段木材料）、装袋、灭菌、冷却、接种及菌丝培养等与代料栽培或段木栽培工艺相同，参照代料栽培和段木栽培相关内容。

6. 覆土材料准备

活体灵芝盆景栽培有时会采用覆土栽培方式进行，所用覆土材料，要求通透性好的沙质壤土，通过过筛，除杂草、石块等，还可以通过加些火烧土（用带一定土的杂草、秸秆、树枝等燃烧获得）等手段以改善通透性。使用前要先晒干，达到减少杂菌和害虫的目的。如果覆土材料不方便，可以使用建筑用沙子。另外还可以准备一些碎石等材料，覆盖在土或沙子上面，增强观赏性。

7. 装盆覆土

活体盆景栽培覆土时间，可以在菌丝长满菌袋后未出芝之前就装盆并覆土，也可以在菌盖开始生长至快长好时覆土，根据客户需要或栽培场地情况及用工安排等来决定覆土时间。通常灵芝子实体刚刚形成至菌盖长出初期，不进行覆土，此阶段覆土容易造成原基损伤，影响灵芝生长。如果用已经长好灵芝的菌包进行覆土，可用代料栽培的菌包，如果装盆景的花盆高度不够，可以切去一部分培养料再装盆。

覆土时，土含水量为20%左右，以"手握成团，甩手能散"为度。覆土时先在盆底放置约3厘米厚的泥土，盆底如果有孔洞的最好垫上薄膜等材料，防止泥沙漏出。段木菌棒一般需要脱袋后放入盆中央，周围填充配好的泥土，菌棒顶部覆土厚度为2～3厘米。覆土后要喷一次水，使土表保持湿润。代料栽培的菌包，可以脱袋进行覆土，也可以不脱袋覆土，脱袋覆土与段木菌包脱袋进行一样的操作。如果不脱袋覆土，需要把袋口塑料盖取下再覆土。用沙子作覆盖材料时，操作跟覆土操作一样，沙子湿度的把握，以手抓沙子，手指缝没有水滴渗出，松开手，手掌上有湿润感觉为宜。用于装菌棒的花盆可以根据客户需要进行选择，高度及直径大小要与菌棒大小相适应。花盆的材料可以是塑料花盆，也可以是瓷质花盆，还可以用玻璃花盆。

8. 出芝造型管理

（1）温度、空气相对湿度管理。出芝时，环境温度应保持在23～28℃，空气相对湿度为85%～95%，采用喷水或加湿器来增加湿度，覆土材料表面不能"起白"，温度、空气相对湿度稳定，有利于菌盖正常生长，可为调控灵芝造型打下坚实基础。

（2）光源调控。灵芝子实体在形成阶段需要较强的散射光（不能阳光直射），许多品种的灵芝子实体有强烈的趋光性，一般朝着光照方向生长，如果需要灵芝菌盖向某个方向长，可以通过调节这一方向的光线强度来实现。如果目的在于灵芝菌盖向上、避免子实体产生畸形，应在灵芝子实体原基形成开始保持栽培环境的光照均匀。此外，受光程度不同，菌盖的颜色深浅和漆样光泽度也有区分。

（3）二氧化碳调节。在保持合适温度和空气相对湿度的同时，为了使灵芝菌柄、菌盖出现一定的造型，也可以通过通风换气来调节栽培环境中的二氧化碳浓度。当二氧化碳浓度高时，菌柄伸长，菌盖也因二氧化碳浓度不同而出现不同程度分化。二氧化碳浓度过高，会形成鹿角状子实体。菌盖生长过程中，通过不断调节二氧化碳浓度，可以使菌盖出现不同造型或双层菌盖，具体操作要根据气候情况及经验来调整。

（4）芝蕾修剪与造型。每个菌棒子实体原基数量不同，从一个到多个不等，不同品种会有所不同，菌包大小不同长出的数量也会有所不同。子实体原基长出至菌盖分化期间，可以根据造型需要对灵芝子实体进行修剪，也可以不修剪任其生长。要特别注意，用来栽培活体灵芝盆景的灵芝品种不能用无柄或短柄的品种，无柄或短柄的灵芝品种不容易调控造型，观赏价值会大打折扣。修剪灵芝时，一般用剪刀或锋利切刀，尽量不要伤及不想剪去的原基或小菌盖，修剪下来的灵芝可以马上用来嫁接，增加造型，也可以及时清洗干净，晒干，供食用。

9. 简易活体灵芝盆景销售

活体灵芝从菌盖长出至生长结束都可以销售。如果从菌盖刚长出就开始销售，顾客可以欣赏灵芝盆景的整个生长过程，延长观赏时间，前后约30天，一般孢子粉开始释放就采摘，因为孢子粉释放时会在活动空间飘散，到处都是孢子粉，影响环境卫生。销售活体灵芝盆景时，最好配一份简单的管理方法说明书。

（三）造型灵芝盆景栽培与制作

造型灵芝盆景栽培是利用灵芝的生物学特性，通过对灵芝生长环境的温度、空气相对湿度、二氧化碳浓度及光照等条件的控制，结合灵芝人工嫁接技术及化学药物处理等手段，栽培出具有不同形态的灵芝，经干燥处理和适当修饰制作并装盆后，获得各种形态的灵芝盆景，这种盆景通常除花盆外，不作过多修饰，给人真实原生态的感觉和享受。造型灵芝栽培管理是个复杂的过程，不同造型、不同栽培环境及不同培养料的具体管理措施会有差异。栽培前最好先设计好盆景主题，根据主题进行构思，预先计划操作步骤并准备相应的工具等。

工艺流程：品种选择→培养场所及工具准备→菌包准备→培养基调配→装袋、灭菌、接种→菌丝培养→造型栽培管理→灵芝盆景定形干化及入座成形→灵芝盆景工艺品制作→灵芝盆景后续保养。主要步骤分述如下。

1. 品种选择

品种选择首先要遵循市场客户需求，其次根据品种特性选择具体菌株，比如根据灵芝菌株、菌盖颜色，原基生长时分支数量多少，整朵圆整菌盖还是多片菌盖成花状或是鹿角灵芝类型等选择。在满足上面特性的情况下，尽可能选择孢子粉生产量较少或无孢灵芝菌株。此外，除了特别需要，一般不选择无柄灵芝菌株或成熟时菌盖亚光或无光泽的菌株。品种的选择，直接影响到灵芝盆景的价格，有时品种选择对价格的影响远远超过盆景造型栽培技术对价格的影响，甚至是能否售出的决定性因素。

2. 栽培场所及工具准备

栽培场所要求干净、通风良好、交通水电方便、便于操作管理，并最好在室内或塑料大棚内进行。灵芝造型时还需要准备一些设备和工具材料，如大小不等的塑料袋、牛皮纸袋、刀片、钢针、小竹签、钢夹、细绳、加热器、电吹风机、加湿器、送风排风的风扇、转动或移动台灯、大头针、钳子、镊子、白乳胶、强力胶、清漆（喷漆）、各种规格的花盆等。当然，不一定上面提到的都需要，具体根据实际情况配备即可。

3. 菌包准备

栽培时间选择和从培养基调配到菌丝培养阶段的操作、管理与代料栽培灵芝和段木栽培灵芝基本一致，可参照代料栽培灵芝和段木栽培灵芝相关内容。这里强调一下，灵芝造型栽培的最佳季节应根据各地气候特点，尽量选择灵芝生长最合适的季节来进行，这期间外界气温适合灵芝的生长发育，容易按技术要求来调控灵芝生长，获得需要的造型。此外，为了获得朵形较大的灵芝盆景，菌丝培养时要求大袋培养，有些菌袋重量达到10千克以上，制作培养这种菌袋时无论是直接制作大菌袋还是后期将多个小菌袋长好后合并成大菌袋，都一定要注意温度控制，以免烧菌而使栽培失败。

4. 造型栽培管理

灵芝造型栽培除选择品种外（一般选择的盆景灵芝品种有赤芝、紫芝、无孢灵芝、鹿角灵芝等），在栽培时可以利用其本身的生长造型，再给予一些人为控制来达到较为理想的效果。灵芝原基形成后，根据不同需要进行多种方式的造型栽培管理。

（1）环境调控手段。通过调控子实体各个阶段的环境条件（温度、湿度、光照）来调控子实体的生长发育，从而使子实体形成各种造型。利用灵芝子实体（菌柄）的趋光性这一特点，控制菌柄向某一方向弯曲，通过移动子实体或改变光源方向和强度，可使菌柄长出各种弯曲的形态。当培养温度、湿度、光照均能满足灵芝生长要求时，若二氧化碳积累过多，浓度达到0.1%以上时，菌柄上就会生成许多分枝，越往上分枝越多，而且渐渐变细，菌柄顶端始终不形成菌盖，通过这种调节可以获得鹿角状分枝的灵芝子实体。对形成菌盖而未停止生长的灵芝，在通气不畅的条件下培养即形成加厚菌盖，此后继续保持此条件，菌盖加厚部分可延伸出二次菌柄，再给予合适的通风条件，二次菌柄上又可形成小菌盖。给生长旺盛期的幼嫩菌盖套上1个纸筒，让光线自顶部射入，菌盖会停止横向生长而从盖面上生长出1个小突起，继续培养突起即可延伸成菌柄，此时去掉纸筒继续在适宜条件下培养，保持培养基原来放置的位置方向不变，突起即分化出菌盖，从而成为双重菌盖。当子实体原基形成后，人为给予高温高湿环境，使子实体发育出现畸形，并出现很多瘤状突起的小球，在这一基础上能培育出一体多盖或丛牛状的灵芝。

（2）人为弯曲菌柄。菌柄弯曲虽然可以通过灵芝的趋光性来达成，但弯曲需要的时间较长，采用适当的人工方法可以缩短菌柄弯曲时间。在灵芝子实体没进入全木质化时，可用人工手段使其向人为设定方向弯曲，如采用石块、砖等挤、靠方式，还可用固定形式的木套固定弯曲。

（3）人工剪刻与刺激再生。根据造型需要，对子实体进行修剪。用经消毒过的锋利刀片，把影响造型的部分修剪掉，也可在子实体旺盛生长阶段用刀修刻成造型需要的形状，调节好环境条件，让子实体生长愈合。当灵芝子实体的某一部位没有按造型需要长出实体时，可通过火焰灭菌处理好的钢针或刀尖，将该部位挑破，继续培养以长出菌柄、菌盖。人工修剪和刺激再生是灵芝造型栽培的重要手段，运用得当将会取得较好的效果。

（4）抑制生长定形。灵芝盆景在按预想培育的过程中，有的形状已长到位，但生长点仍在，为避免出现过度生长影响造型，可利用电吹风吹出的热风或电加热器的热量对需定形部位进行加热，使其水分蒸发，生长受到阻碍，而达到缓慢生长或不长的效果。

（5）嫁接整形。灵芝嫁接与植物嫁接原理类似，就是利用组织受伤后的愈伤机能进行的。灵芝细胞脱分化能力强，为灵芝嫁接提供了很好的生物学基础，灵芝嫁接在同一品种间进行时更容易成活。具体来说，灵芝嫁接就是将需要嫁接的两个创面靠近并扎紧，借助细胞分裂生长而彼此愈合成为一个有机整体。要获得造型多样、大型多层的灵芝盆景，采用嫁接技术是很好的造型手段。

嫁接的时间掌握：嫁接时最好选择阴天或雨后初晴的傍晚，空气相对湿度保持在85%～95%，预计环境温度在一周内保持在25℃左右（如果环境温度达不到要求可以适当采取温度调控措施），这种条件是子实体伤口愈合最适合的，嫁接后愈合较快，尽量避免在晴天的中午和雨天进行。

嫁接品种选择：同一品种之间的嫁接比较容易愈合，嫁接成功率较高。所以一般嫁接在同一品种间进行。此外，即使在同一品种

灵芝高效栽培及孢子粉收集技术

之间嫁接，也需根据品种生长特性差异选择合适的嫁接时机和处理措施。品种不同，菌盖生长方式和营养输送比例会存在一定差异，最佳嫁接时机也会有一定区别。例如，一些品种菌盖生长时，基本是水平展开，菌柄高度不再增加；有些品种菌盖生长时，呈喇叭状向上向外展开，菌柄还继续增高。所以，要根据不同特性品种选择嫁接时间。对于菌柄会随菌盖生长而伸长的品种，嫁接要适当提前，底座菌柄不可过高，否则比例不协调。

嫁接方法：有直接拼接、平接、劈接、侧接等多种方法。嫁接前准备好修剪用的锋利剪刀、刀片、竹签、大头针、书钉、铁夹、细绳、丝布及消毒用酒精等。直接拼接是将多个已长出原基的菌包原基一端靠在一起，通过调控温湿度、二氧化碳浓度，使多个菌柄往上长，当菌柄长到一定高度，各菌柄分别长出菌盖，将菌盖相连处靠接在一起，从而长成多个菌盖连接在一起的有一定造型的大灵芝。也可将两个灵芝生长点靠紧固定在一块儿，过5～7天就牢固地长拢在一起。一般选择在幼嫩阶段活力旺盛时将子实体进行拼接，成功率较高。平接就是将嫁接枝（相当于接穗）底部和被嫁接枝（相当于砧木）顶部削平，扎孔后用竹签固定，根据需要可以嫁接2～3层或更高。此法适用于嫁接枝和被嫁接枝比较粗壮、水平接触面积大的情况，具有上下层接触面积大，便于营养、水分输送，恢复后生长旺盛的优点。劈接就是把嫁接枝削成楔形，被嫁接枝劈开，刚好把嫁接枝插进去，完全包裹嫁接枝创面。此法在嫁接枝较高和芝柄单一的情况下比较适用，具有不浪费材料、不易污染、接口愈合快的优点。侧接就是本层菌柄粗壮，但是菌盖较小或较少时，可以把菌柄下部侧切开，插入嫁接枝，可以阻止营养过多地向上运输，增加本层菌盖面积，改变上下层菌盖比例不适的情况。

嫁接时注意事项：为了提高嫁接成活率，刀具要锋利，及时清洗消毒，保持切面清洁，嫁接动作要快，减少切面损伤和失水，从而减少嫁接污染。嫁接枝与被嫁接枝的切面要平整光滑，贴合紧密。扎孔的锥子和固定的竹签要粗细一致，定形效果好。嫁接的时机要掌握好，合适的嫁接时机是指菌柄长到合适的高度，即将开始向菌盖分化的时期。菌柄生长期间，生长端会有两种表现，一种是菌柄顶端洁白或微红，与下部菌柄等粗或比菌柄略粗，另一种是菌柄顶端明显膨大或向一边膨大，前一种情况说明芝柄生长旺盛，后一种情况说明菌柄开始分化菌盖。嫁接时菌柄生长状态不同，嫁接枝上下高度比例也会有所不同。如果菌柄生长旺盛，嫁接后菌柄还会继续生长，底层尤其明显，这时底层菌柄高度等于或略低于上层高度。如果菌柄开始分化，底层菌柄继续生长的空间很小，底层菌柄高度要略高于上层高度。如果菌盖生长已经明显，嫁接最佳时期已经错过，嫁接难度增加。

嫁接造型技巧：适当的嫁接技巧可以起到画龙点睛的作用，直接影响观赏价值和销售价格，影响栽培者的经济效益。嫁接造型技巧主要有如下三点。首先是嫁接比例，嫁接时要注意调整上下层的比例，包括上下层的高低比例，嫁接时从底层到最上层，嫁接枝的高度依次是递减或等高的，这样才符合盆景生长的自然形态，满足人们的审美要求。其次是上层嫁接枝一定要比下一层略细，相当于下一层的2/3左右，如果上层过于粗大，则会出现上层菌盖过大，下层菌盖过小甚至没有菌盖的情况，上下菌盖不成比例、不协调，反过来也是如此，降低观赏价值。此外，由于灵芝品种不同，营养在上下层的供应特点也有所不同，嫁接比例也应该有一定改变，例如：美国灵芝营养输送由下向上逐渐减弱，上层之间可以适当加粗；泰山灵芝营养向上输送占优势，嫁接时上层要适当略细些，粗细比例要适当变化。底层菌柄嫁接时要注意菌柄基部不能过于纤细，否则嫁接后无法承受上部重量会折断；菌柄不可保留过多、过密，否则底层菌柄菌盖过大，与上层菌盖比例失调；选择底层菌柄要在除弱留强的基础上既要考虑空间搭配，还要留下较大嫁接面便于嫁接。最后，灵芝嫁接是为了造型，在灵芝自然形态的基础上，对菌柄进行新的调整和分布，改变其走向、方位，调控菌盖的大小，从而使灵芝形态达到更美的视觉效果。一般嫁接枝主要有直立式、斜出式和弧线式3种走向，直立式造型挺拔健壮，斜出式造型飘逸洒脱，弧线式造型柔和灵动。根据灵芝长势和嫁接者的构思并借助于嫁接技术可以创造出风格迥异、千奇百态的盆景灵芝。

嫁接后管理：嫁接后的灵芝在未成活前严禁喷水，嫁接成活后即可按常规方法进行管理。要求在嫁接后一周内，保持环境温度在25℃左右，空气相对湿度保持在80%～90%，通风保证有充足的氧气，避免大风疾吹和大水灌棚，环境条件合适时嫁接愈合快。一周后嫁接枝已经完全恢复，开始生长，温度不超过32℃，空气相对湿度不低于70%，四周去掉遮阳网，增加光线和通风。2～3周后，芝柄开始长出菌盖，随着菌盖的逐步展开，灵芝进入成熟生长阶段并开始释放孢子粉，这时停止补水。菌盖不再释放孢子粉时用清水把孢子粉冲洗干净，把灵芝摆放到遮阳通风处自然干燥。如果想让灵芝盆景菌盖有金黄边效果，可以在菌盖边缘仍有1厘米左右生长圈（金黄色）时停止补水，让菌盖停止生长，固定金黄色边缘。

检查补救：嫁接完成后的3～5天，每天仔细检查嫁接面恢复情况，发现污染枝就及时摘除，避免污染扩大，等到伤口恢复生长时进行二次嫁接。在嫁接枝生长期间，如果发现菌柄比例不合适、角度不准确，要立即削去重新嫁接。后期出现上下或左右菌盖没有如期生长时，可以在其旁边补接已经展开菌盖的灵芝。

嫁接后杂菌污染和虫害处理：嫁接后最容易发生的是嫁接面细菌侵染，愈合恢复慢，甚至上层嫁接枝死去。发生这种情况的原因：一是嫁接时嫁接工具消毒不彻底；二是灵芝培育环境中出现菇蝇，也容易导致细菌污染。另外嫁接面恢复期间环境温度过高，顶层活力不足，也容易出现细菌污染。在灵芝生长后期，天气阴雨绵绵时，环境通风不良，菌盖上容易被霉菌感染。因此，除了做好嫁接工具和育芝环境的消毒工作外，还要防止环境温度过高，保证通风良好。

灵芝嫁接后，会出现一些啃食灵芝的害虫，刚开始害虫只是啃食灵芝幼嫩部位表面，随后爬进灵芝的内部继续啃食，在灵芝表面留下空洞，不仅影响盆景灵芝的美观，还会在灵芝内部长时间停留继续为害。解决办法主要是尽可能保证嫁接场所有防虫网、黄板、杀虫灯等物理防虫设施，在灵芝菌盖展开后要每天检查，发现害虫时及时处理，把损害降到最低。

5. 灵芝盆景定形干化及入座成形

在灵芝盆景的培育过程中，当灵芝造型确定停止生长后，再继续培养10天左右，此时要加强通风，不能再喷水加湿，要尽量降低空气相对湿度，可以使子实体有足够的饱满度。随后将灵芝造型用毛刷加清水刷净灵芝子实体上的孢子粉及尘埃等，然后置室内自然蒸发掉外部水分，但不可在阳光下暴晒。将灵芝造型从培养基上小心地取下来，或者从基部连同部分培养基切下来一起干燥处理。置于干燥的室内保持形状不变，使子实体风干，通常不采用直接在太阳下暴晒等快速加热方法，因为这种方法会使子实体因失水过快而不饱满。干化是自然过程，不可急于求成。将干化好的灵芝造型喷上漆，再将其晾干。喷漆后灵芝子实体造型具有很强的光泽度，颜色鲜明。当造型灵芝干燥后即可选择合适的底座与之搭配，用强力胶水将其黏结成一体，并用泡沫、细石、处理过的苔藓等作为填充物，制作成形态各异的灵芝盆景。

（四）灵芝盆景工艺品制作

此处所指的灵芝盆景工艺品制作与栽培技巧关系不大，是采用普通灵芝或栽培的造型灵芝，再用树根或其他材料通过有制作造型艺术品经验的人，人工拼接成形态各异、具有欣赏价值的盆景。该制作方法属于工艺品制作范畴，本书不作赘述。

（五）灵芝盆景后续保养

灵芝盆景制作好后，具有很高的欣赏价值。但由于灵芝本身容易发霉或生虫，经常会严重影响购买者的心情，特别是南方空气潮湿、气温高，很多灵芝盆景不到一年就会因发霉生虫而失去欣赏价值，也正是因为这种原因，在高温潮湿的地方，灵芝盆景的推广受到一定程度限制。

防霉防虫蛀：制作好的灵芝盆景要放在干燥通风处彻底干透，防止灵芝子实体受潮霉变。根据实际情况不定期在阳光下暴晒，有条件的可以用干燥设备进行烘干处理，清除灰尘和防止清漆脱落。观赏用灵芝盆景因长久放置，表面容易因灰尘或脏物附着而失去光泽，可将灵芝盆景用湿布抹去灰尘，及时晒干，必要时可以再次在灵芝体表面涂刷清漆，这既可防虫防潮，又可保持原有光泽。也可以将干燥透的灵芝盆景用透明玻璃或有机玻璃罩密封保存，既延长观赏时间，又可提高档次。

第三章　灵芝孢子粉收集技术

在温度、空气相对湿度、氧气、二氧化碳、光照等环境条件合适的情况下，代料栽培的灵芝子实体原基发生至子实体成熟一般需要30天左右。段木栽培子实体成熟所需的时间要长一些，灵芝子实体成熟到一定程度，也就是生长圈快要消失时，孢子就会陆续释放。灵芝孢子是灵芝的种子，凝聚了灵芝的精华，成熟的孢子具有灵芝的全部遗传物质和供孢子萌发的营养。野生灵芝孢子释放出来后飘散在空中，无法收集。人工栽培时，通过多种方式让孢子在密闭的环境中被收集，因此可以获得纯净的灵芝孢子粉。各地收集灵芝孢子粉的方法多种多样，这里介绍4种常用的收集方法。

一、小拱棚收集法

小拱棚收集法是通过在栽培的地方搭建小拱棚，盖有一定透气性的薄布（不能用薄膜等完全不透气的材料）围蔽形成封闭空间来收集孢子粉的方法。工艺流程：配方确定（代料栽培时）→原料准备（包括砍伐段木）→拌料、切段→装袋→灭菌→冷却→接种→菌丝培养→出芝管理→垫膜、搭建小拱棚架→薄布围蔽小拱棚→收集期间管理→收获孢子粉、采摘子实体（代料栽培时采收后处理废菌包及清理场地，段木栽培继续管理）→干燥、包装→段木栽培越冬管理→第二年出芝和孢子粉收集管理→采收孢子粉、子实体→栽培结束、清理场地。

灵芝在自然环境条件下栽培并采用大田或大棚段木畦式覆土栽培时，当灵芝子实体长至孢子开始释放时在地面铺上垫底塑料薄膜，与地面的泥土隔开，在垫底薄膜上再铺上干净的接粉薄膜。搭建的小拱棚可以是半圆形，也可以是长方体直角形，盖上有透气性且可以防止孢子粉逃逸出来的薄布，在封闭条件下收集释放出的孢子粉，不同栽培区域习惯有所不同，采用较长段木菌棒栽培的可采收2年，短段木菌棒栽培的只可采收1年。

当灵芝在大棚或室内代料栽培时，孢子开始释放时在地面铺上干净的接粉薄膜，通常用2层薄膜，可以提高质量。在薄膜上面摆放清洗过的菌包，为了保证纯度，需要用干净的清水清洗菌包表面，再搭小拱棚架，盖上有透气性又可以防止孢子粉逃逸出来的薄布，收集孢子粉。

收集孢子粉期间，环境空气相对湿度保持在65%～70%比较合适。温度、光照、氧气、二氧化碳等管理延续子实体生长时的即可，经验表明，收集孢子粉期间对光照要求相对子实体生长时低，灵芝孢子可以在光线较弱的情况下正常释放。待孢子释放基本停止时及时采收，时间延长孢子的污染率会大幅度增加，从孢子开始大量释放到结束不要超过30天比较合适，期间要特别注意观察，湿度偏大时特别容易发生污染危害。

二、风机吸收法

风机吸收法是在栽培场所加封防虫网防止昆虫进入，场内安装多台排气扇，在出风口套布袋，通过开启排气扇将子实体释放在空中的孢子粉吸进布袋的收集方法。工艺流程：配方确定（代料栽培时）→原料准备（包括砍伐段木）→拌料、切段→装袋→灭菌→冷却→接种→菌丝培养→出芝管理→安装防虫网（栽培时已经安装的无此步骤）→安装套布袋的排气扇收集孢子粉→收集期间管理→收获孢子粉、采摘子实体（代料栽培时采收后处理废菌包及清理场地、段木栽培继续管理）→干燥、包装→段木栽培越冬管理→第二年出芝管理→重复第一年收集期间管理和孢子粉收集、采摘子实体→栽培结束、清理场地。

风机吸收法通常在自然环境条件下的大棚或普通菇房栽培时使用，也可以在人工调控的栽培房使用。在灵芝子实体生长至孢子粉开始释放时，栽培灵芝的大棚或菇房安装防虫网并适当封闭，在确保氧气充足并能使灵芝孢子正常产生、释放的情况下，避免外面灰尘、昆虫进入。根据空间大小情况安装多台排气扇，排气扇出风口一端接上用布缝制的两头开口的筒状长袋（最好是白色），用绳子绑紧固定，另一头也用绳子绑紧。当孢子粉释放时，接上电源，灵芝孢子会被排气扇吸入布袋中，布袋内孢子粉达到一定程度时可以收获1次，至孢子粉释放基本结束可收获多次。多台风扇可以根据孢子释放量轮流开启，避免风扇过长时间运转而造成损坏。

此种方式因为菌包没有清洗，没有被吸收而散落在床架、地上、菌包表面的孢子粉杂质多，不能采集当产品。还要特别注意防止昆虫进入并定期从袋里取出孢子粉，不能从收集开始到结束时一次性收获，否则孢子粉质量会受到很大影响。此外，采用风机吸收法对环境条件的要求与小拱棚收集法相同。

三、套袋收集法

套袋收集法是当段木栽培的灵芝子实体生长释放孢子粉时，将灵芝子实体套上接粉袋进行孢子粉收集的方法。套袋收集法是段木栽培灵芝时收集孢子最常用的方法。工艺流程：原料准备（砍伐段木）→切段→装袋→灭菌→冷却→接种→菌丝培养→出芝管理→铺垫底隔离薄膜→铺接粉薄膜并套接粉袋→套接粉纸筒、盖纸筒→收集期间管理→收获孢子粉、采摘子实体→干燥、包装→越冬管理→第二年出芝管理→重复第一年收集期间管理和孢子粉收集、采摘子实体→清理场地。套袋收集法要点如下。

（1）套袋时间。一是在灵芝白色生长圈消失、菌盖停止增大生长、转向增厚生长时套袋，过早套袋会形成畸形芝；二是孢子粉释放4～5天，开始进入孢子喷射旺盛期时套袋，这时采集的孢子粉质量好。套袋前，把栽灵芝的地面抹平、压实，向灵芝菌盖和菌柄喷水，冲洗掉积在上面的泥沙和杂质，防止采粉时混入。

（2）套袋方法。在抹平的地面上，铺上塑料薄膜，与地面上的泥沙隔开，再在每个灵芝上套上1个塑料接粉袋（在菌柄基部用绳子绑好，不要绑得太紧），再将准备好的纸筒（白纸皮制成，直径比灵芝直径大2厘米左右，高于灵芝）套在上面，最后在纸筒上面盖上白纸板或白纸；灵芝孢子释放结束后，去除纸板和纸筒即可收集接粉袋中的孢子粉。另一种是在垫底薄膜上铺上接粉薄膜，接粉薄膜要比套筒口大2～3厘米，便于取粉。然后逐个用纸筒将灵芝套住，下面与接粉薄膜相接，上面盖上纸板或白纸。在封闭条件下，接收释放的孢子粉。

（3）套袋后管理。完成套筒并盖板后，分畦或两畦罩上塑料薄膜，薄膜不能漏水，水不能滴进套筒，否则孢子粉会结块甚至变质。除气温偏高时需揭开薄膜两端通风降温外，其他时间根据棚内二氧化碳浓度情况掀开薄膜通风。要特别注意环境空气湿度不能太大，更不能让二氧化碳浓度太高而引起灵芝二次生长。

（4）采粉时机与方法。通常采粉与灵芝采收应同时进行。时间早了，会影响灵芝和孢子产量，迟了灵芝生长进入衰退期，孢子颗粒不饱满，灵芝底色也会变差，还会增加污染风险，影响质量。套筒采集孢子粉：一是在菌盖上，二是在地面接粉膜上，三是在套筒边上和盖板下面。

在实际生产中，孢子释放整个过程超过30天，为了保证孢子粉产品质量，需要中间收获一次孢子粉。孢子粉长时间存在于菌盖上，会影响菌盖蒸腾作用，加上孢子释放出来时含水量比较高，如不及时收获，多种因素都会增加菌盖及孢子粉发霉的概率。灵芝段木栽培都在室外大棚或遮阴棚进行，孢子收集过程中都是处在自然条件下，期间环境温度、光照、氧气、二氧化碳及虫害管理与子实体生长发育期间相同，空气相对湿度尽可能控制在65%～70%，湿度不能太高，否则容易导致子实体二次生长并增加发霉变质概率。

四、封闭培养架收集法及发展历程

（一）封闭培养架收集法

封闭培养架收集法是用薄白纸或具有一定透气性又能防止孢子逸出的薄布封闭培养架来收集灵芝孢子的方法，适用于代料栽培灵芝的孢子收集。工艺流程：配方确定→原料准备→拌料→装袋→灭菌→冷却→接种→菌丝培养→出芝管理→培养架准备→菌包清洗和摆放→白纸或布围蔽培养架→收集期间管理→孢子粉、子实体采收→干燥、包装→废菌包处理、培养架及场地打扫卫生。

菌包制作和出芝管理与灵芝代料栽培管理一样。收集过程具体操作：当灵芝子实体生长至开始释放孢子时，菌包表面用干净的水清洗，去除菌包表面沾有的培养料和灰尘等杂质。菌包墙式叠堆在冲洗干净的培养架上，培养架可分多层，规格大小可根据场地设定，每个床架可摆放100～500个或更多灵芝菌包。

从灵芝菌包放进收集培养架开始，环境温度、光照、氧气、二氧化碳等管理与子实体生长发育期间相同，空气相对湿度控制在65%～70%。

（二）封闭培养架收集灵芝孢子技术发展历程

起源于广东梅州自然条件下封闭培养架收集代料栽培灵芝孢子技术发展经历了3个阶段。第一阶段从20世纪90年代初至2002年前后，是探索阶段。第二阶段从2003年至2010年前后，为初步成型阶段。第三阶段从2011年至今，技术改进成熟推广，为应用阶段。

1. 探索阶段

探索起步阶段，梅州市梅江区、梅县区（原梅县）等地在梅州市农林科学院微生物研究所等单位指导下，从20世纪90年代就开始引进赤（灵）芝菌种并开展灵芝代料栽培技术试验和示范。期间，广东省农业科学院蔬菜研究所与梅州市农林科学院微生物研究所专家开展交流，并先后到梅州平远、河源龙川、潮州等地与灵芝种植户交流探讨。各地方分别采用不同形式的收集方法进行尝试，包括报纸或挂历纸包灵芝菌盖、报纸或白纸做成套袋、地面垫薄膜竖放菌包再覆盖牛皮纸、地面垫薄膜菌包堆叠摆放，盖纸后再加盖薄膜、菇房内床架摆放菌包，地面垫薄膜再将门窗适当封闭等。此阶段的孢子粉产量低，每个菌包（湿重1～2千克）产孢子粉量不到2克。用挂历纸折叠包灵芝子实体、薄膜覆盖太严实会使子实体因湿度大、透气不好发生二次生长而很少释放孢子。比较理想的是地面垫薄膜后菌包竖放再盖牛皮纸，以及菇房内床架摆放菌包、地面垫薄膜后门窗适当封闭并每天适当通风。地面垫薄膜，墙式叠堆菌包再在上方盖纸和薄膜会导致孢子释放受通风和环境湿度影响，通风不良、二氧化碳浓度高、湿度大时，菌盖会二次生长，湿度合适时产量明显提高。

2. 初步成型阶段

2003—2010年，梅州市微生物研究所和广东省农业科学院蔬菜研究所科技人员与梅州梅江、梅县、兴宁、蕉岭等地的灵芝种植户交流、探索，尝试用各种方式开展灵芝孢子收集方法及配套管理措施的探索。一个保证产品质量的措施就是当灵芝子实体长至快释放孢子时，对所有菌包进行一次清洗，用清水将菌包表面的培养基及灰尘洗掉。尝试采用多种方式摆放菌包，并用白纸或蚊帐布封闭收集装置。

　　收集装置主要有3种。第一种是采用旧木架家具，如将幼儿园的旧双层儿童床改成培养架，"品"字形侧放叠堆菌包，将子实体位置错开摆放，然后底部铺设木板，四周、顶部都用白色的纸密封，接口处用糨糊和封口胶布黏合，防止孢子漏出。在便于观察的位置切开一个长方形的口，大小以能看清架子里边灵芝和孢子释放情况为准，用透明胶布和薄膜封观察口，用于全程观察孢子释放情况。

　　第二种方式是在地面铺一层白纸，将洗干净表面的菌包适当晾干后呈"品"字形叠堆在纸面上，长度1.5～2.0米，菌包叠5～7层，摆3排，其中两排菌包底部靠在一起摆放，子实体分别在两边，第三排子实体菌盖一侧与另一排的子实体相对，两排菌包子实体相距10厘米左右，菌包摆放好后，罩上简易木架，架子四周离菌包10～15厘米，最后在架子四周和顶部用白纸封闭。

　　第三种方式是用杉木制作专用培养架，规格多种多样，比较常用的规格是2米×2米×2米，底层离地约20厘米，架子三层，层间距为60厘米。菌包采用侧放叠堆的方式摆放，每个架子摆放100～350个菌包，具体根据室内通风条件、环境温度及菌包大小等适当增减，菌包摆放好后，用白纸封住架子，也可以用密度较大、孢子不容易逸出的布罩（安装拉链便于装拆）将整个架子罩住，收集灵芝孢子。以上三种装置，在梅州市及周边，自然条件下4—6月为最适宜收获孢子粉的季节。 些种植户，为了满足市场需要，秋季会再栽培一次。此阶段的孢子粉产量比第一阶段大幅度提高，每个菌包孢子粉产量达到4～12克。

　　3.　应用阶段

　　2011年至今，通过各种方式的培养架和封闭材料及配套管理措施探索，封闭培养架收集灵芝孢子技术逐渐成熟并得到推广，规模

灵芝高效栽培及孢子粉收集技术

逐步扩大。该技术除梅州、河源、广州等地外，湛江、韶关、清远、惠州、东莞、江门、中山及江西、四川、福建等地也有应用推广。逐步形成比较稳定的生产模式：由科研单位提供优良菌种并提供技术咨询，生产规模较大的企业、合作社及种植大户集中制作菌包，菌包除自己栽培收获孢子粉和子实体外，还销售给没有制包条件的种植户，并提供技术支持和破壁加工服务。此外，培养架由不锈钢材料或杉木制作。用白色薄布制作刚好套住培养架的布套，安装拉链开合，随时可以打开观察培养架里边孢子释放的情况，同时可以观察子实体是否出现污染等情况，以便及时调整环境（图7）。栽培时间安排仍以季节性栽培为主，在梅州市及周边地区，从每年10月底开始制作菌包，自然温度培养菌包，菌包制作一直到翌年3月结束，根据气温情况和栽培环境，通常从3月初开始进行出芝管理。实践证明，气温低的冬、春季节制作菌包，菌包生长时间延长，有利于用工安排。同时，菌丝生长时间延长，气温回升到适合子实体生长发育时，原基形成更整齐，便于管理。

从开袋（或切口）开始，通过通风调节、喷雾加湿等措施，尽可能让全程培养环境保持在22～28℃，子实体原基形成至孢子开始释放时，空气相对湿度为85%～95%，菌包摆放在培养架并封闭后至收获孢子粉，室内环境空气相对湿度为65%～70%。孢子开始释放到结束收获的时间为30～40天。季节性栽培出芝及孢子粉收获主要安排在4—6月，少量种植者在9—11月再进行一次栽培。有菇农习惯用每个湿重0.7千克的菌包，每个菌包产孢子粉保持在8～15克，高产的可以达到25克。

图7　白布封闭不锈钢培养架收集灵芝孢子

（三）封闭培养架收集法的技术优点和展望

封闭培养架收集法具有多方面优点，通过技术改进及与其相适

072

应的优良菌种的选育，将进一步提高产量和产品质量，并实现周年生产。

1. 封闭培养架收集灵芝孢子技术优点

（1）原材料来源可持续性好。封闭培养架收集灵芝孢子采用代料栽培，原材料采用木屑、玉米芯、麦麸、玉米粉等，来源广泛。

（2）可机械化操作、效率更高。灵芝代料栽培的菌包制作、接种等都可机械化、自动化操作，可以大规模进行，采用液体菌种时效率更高。

（3）周期短，可实现周年生产。从接种到原基形成，快的只需40天左右，出原基到孢子粉开始释放约30天，孢子粉释放过程为30~40天。自然条件下，在广东省内一年可以分别在夏初和秋末各栽培1次。室内人工调控可周年进行，一年可收获4次或更多。

（4）场地利用率高。灵芝代料栽培床架式收集孢子粉，单位面积产量高，占地面积2米^{2}的培养架摆放菌包300个左右，大田地面段木栽培每平方米通常摆放20个左右菌棒。场地使用效率也高于风机吸收和小拱棚收集方法。

（5）纯度高，能更有效控制重金属和农药残留。封闭培养架收集灵芝孢子菌包要清洗，在室内封闭条件下进行，释放孢子粉过程中避免了外界灰尘、杂质、害虫等进入，孢子粉纯度高。室内环境下，空气相对湿度也比大棚和大田更好控制。孢子粉收集全过程中无须用药，不覆土可以避免覆土材料带来的重金属或农药残留。

2. 封闭培养架收集灵芝孢子技术展望

消费者对灵芝孢子粉生产过程的了解不断深入及对产品质量要求越来越高，意味着对灵芝孢子粉生产技术和产品质量的要求必须提升到新的高度，些影响纯度、新鲜度等品质指标的技术、方法需要逐步提升。封闭培养架收集孢子的方法顺应了消费者对灵芝孢子产品质量的需求，并将会得到进一步发展。

（1）封闭培养架收集灵芝孢子向周年生产发展。传统的灵芝栽培和孢子粉收集以季节性开展为主，封闭培养架收集灵芝孢子全过程均在室内进行，通过参考食用菌工厂化栽培管理技术，让周年生产成为可能，从而可以根据市场需求规律安排生产节奏，让产品新鲜度更具优势，同时使栽培场地和设备使用效率更高、技术团队和员工稳定性更有保证。

（2）封闭培养架收集操作措施扩展。将整个培养房的培养架外围用布包裹封闭起来，培养架过道位置安装可开合的拉链，用于观察孢子释放情况，在封闭环境内再安装风机吸收孢子装置，将释放出来的孢子及时收入布袋中，并在地面铺设干净薄膜收集下沉的孢子，可以每隔一段时间收集一次，避免孢子在收集地方放置太久，以此保证孢子产品的新鲜度。使用单独封闭的培养架收集孢子时，由于在室内，操作方便，整个收集期间，可以分两次采收孢子，及时烘干，保证孢子产品新鲜度。封闭培养架收集孢子粉，可以人为调控环境的温度、湿度、通风、光照等条件，加上分批采收，可获得高品质的灵芝孢子产品。

第四章　灵芝的采收

灵芝采收的时机因对产品的要求不同而不同，主要有三种情况，分别是未成熟的新鲜灵芝采收，子实体停止生长孢子粉刚开始释放的灵芝采收，孢子粉及灵芝一起采收。前两种都是以采摘灵芝子实体作为产品，第三种是将收获的灵芝子实体和灵芝孢子粉作为产品。此外，还有与观赏有关的产品（灵芝盆景）的收获。

一、以新鲜子实体为销售目的的灵芝采收

当灵芝长至边缘仍有1厘米左右黄白色生长圈时即采收。近年来，有人专门从事销售新鲜灵芝或干品金边灵芝，销售量逐年增加。采摘的新鲜灵芝如果直接销售，采收时直接用锋利的刀或剪刀在菌盖下面切断或剪下，切去过长的菌柄，菌盖下面菌柄不要超过1厘米，便于包装，新鲜灵芝因为要冷链运输，往往需要真空包装，菌柄留得太长，不易包装。将采下来的新鲜灵芝摊放在干净的篮子或泡沫箱等其他容器，放置时尽可能不要粘到泥土和其他杂质。然后及时搬进冷库，进行包装，其保鲜、销售方式可以参照其他鲜菇，通常4℃左右冷藏可以保存7天左右，销售对象主要是餐厅酒楼、茶室，也有普通消费者等。如果要较长时间保存，需要冷冻处理，可以保存12个月。

如果将采来的新鲜灵芝晒干或烘干，以金边灵芝进行销售，菌柄长短可以不限，不过灵芝菌柄不能沾有泥土和培养基。金边灵芝为未成熟的赤（灵）芝，边缘有黄白色的生长环，晒干或烘干后，整朵灵芝有金黄色的边，经营者称这种灵芝为金边灵芝，是一种灵芝的商品名称，不是灵芝品种名称，凡是前述的方式采摘的赤（灵）芝都可以称作金边灵芝。

二、以收获普通干品为目的的灵芝采收

当灵芝菌盖停止增大，菌盖和菌柄色泽趋于一致，菌盖边缘有与菌盖色泽一致的卷边圈，即2～3层的增厚线，并有褐色孢子释放时采收。赤（灵）芝盖腹面呈米黄色至黄色时便可采收，紫（灵）芝菌盖颜色一致，孢子开始释放，菌盖腹面呈浅白色或浅褐色时采收。采收时，可用园林修枝剪刀把灵芝子实体从柄基部剪下，采下的灵芝不能用手接触菌盖腹面，也尽量不要让子实体相互挤压。剪去过长的菌柄后，除去泥沙和杂质，单个灵芝盖面向上排列在筛上，置烘房中烘干，烘烤时应注意温度的控制，采收当天在30～40℃下烘2小时左右，根据刚采收时灵芝的含水量而定，含水量低的时间短一些，含水量高的长一些。然后逐渐提高温度，最后升至60℃烘至恒重。这样可确保灵芝菌盖腹面尽可能呈原有颜色，获得外观品质好的灵芝。如以晒干为主，晴天连续晒3～4天，遇阴雨天改用烘干法继续干燥，但菌盖背面的光泽会发白或变暗。如有条件，晒干的灵芝最好也在60℃下烘1小时左右，通常子实体含水量不要超过11%，冷却后及时用双层薄膜袋密封保存，放干燥冷凉处保存。

三、需要收集孢子粉的灵芝采收

栽培灵芝时，收集灵芝孢子粉能获得更好的效益，灵芝子实体采摘与采收灵芝孢子粉同时进行，代料栽培时，灵芝孢子粉通常是释放后30天左右即可采收，段木栽培需要长一点时间，具体时间可根据观察孢子粉释放和天气情况而定。如果孢子粉采收分两次完成的，第一次采收孢子粉时，灵芝不采摘，等第二次采收孢子粉时一并采摘灵芝子实体。不同的灵芝孢子粉收集方法，采收时有一定差异，下面按不同收集方式分别介绍孢子粉及灵芝子实体的采收方法。

（一）小拱棚收集法的灵芝孢子粉及灵芝子实体的采收

在采收之前，准备好采收工具、容器，并将晒干或烘干设备准备好。提前准备非常重要，特别是新栽培者，充分的前期准备可以

大大提高工作效率和保证产品质量。采收时，尽可能选择晴天进行，如果连续阴雨天气，到了该采收的时间，也必须采收，因为过度延长时间加上阴雨天气会增加灵芝和孢子粉发霉变质的风险。采收时，将覆盖小拱棚的布揭开，如果布上粘了比较多的孢子粉，在揭开前可以用扁的、软硬适中的竹片轻轻敲打布，让粘在布上的部分孢子粉散落在菌盖或接粉薄膜上，从而不浪费。经验表明，在给小拱棚盖布时，如果布盖得不平整、有皱褶，布会粘不少孢子粉。揭开布后，先将灵芝从基部剪下，把菌盖上的孢子粉用干净不易掉毛的毛刷扫入容器中，随后用扫帚把接粉膜上的孢子粉收集起来，及时烘干或晒干。也可以用吸尘器来收集孢子粉，揭开布后，直接用吸尘器将孢子粉收集起来，孢子粉收集完后再用剪刀或利刀将子实体从柄基部切下来，及时晒干或烘干。第一年的孢子粉、子实体采收完后，继续下一年的管理。

（二）风机吸收法的灵芝孢子粉及灵芝子实体的采收

风机吸收法的灵芝孢子粉采收相对简单，当接在风机的布袋孢子粉达到一定量时，取下布袋，将布袋内孢子粉取出即可。为了不让孢子粉在袋内堆积太长时间，最好是一个收集周期多次取出布袋内的孢子粉，而且每采收一次孢子粉要换新布袋，布袋可以重复使用，要求每次使用后用自来水清洗干净、晒干备用。不清洗重复使用会导致布袋发霉变质。孢子粉收集结束后，将灵芝子实体采下。代料栽培的孢子粉收集完、子实体采收后栽培结束。段木栽培的继续下一年的管理。

（三）套袋收集法的灵芝孢子粉及灵芝子实体的采收

采收孢子粉时，先把盖板和套筒上的粉刷下来，然后一手握住灵芝柄，把灵芝剪下，刷下菌盖上的积粉，再把灵芝倒放在筛子上或其他容器中，以备烘干。采收时需十分注意，尽量不让孢子粉沾染灵芝腹面，以免影响灵芝菌盖底部色泽。最后小心提起接粉袋或地面的接粉薄膜，将袋内孢子粉倒入容器内，千万注意不能让泥沙等杂质混入。

为了保证灵芝孢子粉的新鲜度和质量，越来越多菇农采用分段收集方式，就是当孢子粉释放到一定程度，大概是一次性采收的时长中段前后，根据观察孢子粉释放量决定采收时间节点，这个往往要有丰富的经验，根据当地气候特点和平时积累的经验，包括杂菌发生规律等。分段采收孢子粉时，第一次采收只收孢子粉，不采摘子实体。第二次收集孢子粉时，连同子实体一起采收。套袋收集及采收孢子粉操作相对其他收集法复杂一些。一些栽培者采用吸尘器收获孢子粉，效率大幅度提高。

（四）封闭培养架收集法的灵芝孢子粉及灵芝子实体的采收

封闭培养架收集法的灵芝孢子粉采收方式有两种：一种是一次性采收灵芝孢子粉和子实体；另一种如果是孢子粉开始释放才上架收集，一般25～35天收集孢子粉，具体时间与品种和环境条件有关。采收时，将围蔽培养架的白纸撕开或取下围蔽的布。一些孢子粉会粘在纸或布上，要用刷子刷下来，或者揭开之前用竹片敲打，让孢子粉掉落在架子里边。逸出在纸或布外面的孢子粉不能用，因为含有灰尘等杂质。揭开后，将菌盖上和菌包表面的灵芝孢子粉扫入容器内，把采收完孢子粉的菌包放在一边，整个培养架菌包上孢子粉采收完后，随即将培养架上的孢子粉扫入容器，最后再将灵芝子实体剪切采收。

在广东梅州，为了获得更高质量的孢子粉，摸索出一种二次收集孢子粉的方法，就是孢子粉释放20～25天揭开封闭培养架的布，把菌包表面、菌盖上面及培养架上的孢子粉收集起来。采收过程中，动作要轻，不要损伤子实体，收完孢子粉后，把确认长势不好的菌包挑出来，并采收子实体。将完好的菌包重新放回培养架，盖上布继续按孢子粉收集管理。再过15天左右，收集孢子粉和采摘灵芝子实体，用晒干或烘干方式将灵芝子实体干燥，密封保存。采收孢子粉时，除了用毛刷将灵芝孢子粉扫到容器中外，同样可以采用吸尘器来收获孢子粉。

将收集到的灵芝孢子粉摊放在不锈钢盆内，放在避风的太阳下晒2天以上，晒干为止，也可用烘房或其他干燥设备进行干燥，温度要由低到高，最高不要超过60℃。晒干或烘干的孢子粉，含水量要控制在10%以下，最好不超过8%。晒干或烘干后的孢子粉用盆装，由于孢子粉干燥到一定程度很容易被风吹起散发出去，所以要用透气的薄布封盖盆子，防止孢子粉逸出造成损失。干燥好的孢子粉要用两层塑料袋密封包装，这样收集的孢子粉是原粉，食用前通常还要进行过筛和破壁等加工程序。晒干时用来垫底的材料和包装孢子粉的袋子都要保证符合卫生标准，不能用带颜色（染料）和其他有害健康的包装材料。

　　此外，还有一种较为特殊的代料栽培收集孢子粉的灵芝采收和销售，也称作"新鲜灵芝"，其实是一种已经成熟释放完孢子粉的灵芝菌包，也就是灵芝菌包上的子实体发育和孢子粉释放整个过程都在相对封闭无外面灰尘等杂质侵染下完成，待孢子粉释放结束，将菌包、子实体连同菌盖上的孢子粉（不单独采收）一起当作"新鲜灵芝"商品进行销售。不进行干燥，直接用塑料袋、泡沫箱或特制塑料盒包装，采用生产直销的方式卖给有需要的餐饮店或消费者。消费者获得这种灵芝产品时，直接当汤料食材，将灵芝子实体和孢子粉一起用于煲汤，也有将灵芝孢子粉和子实体分别采收煮水喝或用于配菜原料食用。

四、灵芝盆景的"采收"

　　灵芝盆景栽培"采收"与前述灵芝采收有所不同，活体灵芝从菌盖长出至生长结束都可以作为商品销售，栽培者无须采收。作为活体灵芝盆景消费者，当欣赏后若需要食用灵芝，整个观赏过程均可随时采收下来煮水喝或晒干成干品灵芝。

　　其他形式的灵芝盆景，当子实体生长结束后，要根据销售要求，及时收获并晒干或烘干。可以通过蒸汽熏蒸、上油漆等方式进行增色处理，获得可以销售的盆景产品。这种方式处理的盆景产品，即使没有油漆，但通常摆放时间较长，也不提倡食用。

第五章　灵芝有效成分及药理作用

灵芝子实体及灵芝孢子中含有多种对人体有保健和医用价值的有效成分，包括灵芝多糖、三萜类化合物、蛋白质、氨基酸、脂肪、甾醇类、生物碱、核苷和微量元素等。每一类成分都有其独特的生理活性功能，根据灵芝各有效成分的功能特点，已经开发出以灵芝子实体、孢子粉及菌丝体为主要原材料的各具特色的保健食品、保健酒、医用或化妆品等方面的深加工产品。本章根据公开发表的文献资料，简要介绍灵芝有效成分及其药理作用，供读者了解参考。特别要提醒的是，平时栽培的灵芝子实体或灵芝孢子粉等初产品，以及批准为保健品及近年来根据有关规定批准的灵芝作为药食同源食品的深加工产品，都不能代替药品使用。通过有关规定批准为药物的灵芝类深加工产品，根据产品说明书和遵医嘱使用。

一、灵芝的有效成分

（一）灵芝多糖

灵芝多糖是由若干单糖聚合成的多聚糖，灵芝多糖结构复杂、种类繁多，主要由α-葡聚糖、β-葡聚糖组成，其中β-葡聚糖占大多数。灵芝多糖主链和侧链结构的不同，造成其生理活性的差异。目前进行了结构鉴定的灵芝多糖已超过200个。对灵芝多糖的药理研究表明，灵芝多糖类化合物是灵芝中最主要的功能性成分之一，具有修复损伤细胞膜、丰富细胞膜受体、提高细胞膜封闭度、提高细胞膜延展性、保护细胞、提高细胞内超氧化物歧化酶等多种酶活性、增强机体活力、提高机体免疫功能等功效。此外，灵芝多糖不能直接杀死肿瘤细胞，其对肿瘤的抑制作用是通过机体免疫系统介导的。

（二）三萜类化合物

三萜类化合物是灵芝中一类重要的活性成分，是灵芝的二级代谢物，灵芝三萜类化合物化学结构复杂、种类繁多、脂溶性较高。其是在菌丝体转化为子实体后逐渐形成的重要的药效成分。在菌丝体生长期间只能累积三萜类化合物的前体，物质只有形成子实体后，在子实体的成熟过程中才能成为具有生理活性的三萜类成分。成熟适龄的子实体中三萜类化合物含量较多。

国内外的科技工作者对灵芝的三萜类化合物进行了大量的研究，其中研究最多的是赤（灵）芝的三萜类化合物，目前已报道从中分离到200多个化学成分。如灵芝酸，它是一种三萜类物质，已从赤（灵）芝中分离到100多种，其中活性最高的有灵芝酸A、灵芝酸B、灵芝酸C、灵芝酸D等。已知灵芝酸A有苦味，而灵芝酸B和灵芝酸D则没有苦味。各种灵芝酸的药理作用有较大的差异，有些灵芝酸功效很显著，如灵芝酸A、灵芝酸B、灵芝酸C等，但有些灵芝酸药理活性较低。临床证明，灵芝酸能抑制细胞组织胺的释放，能增强人体消化系统各种器官的机能，还具有降血脂、降血压、护肝、调节肝功能等作用，是一种具有止痛、镇静、解毒等多种功效的天然有机化合物。灵芝酸之所以能够降血脂、降血压，是因为灵芝酸能阻断羊毛甾醇或二氢羊毛甾醇合成胆固醇，进而减缓动脉粥样硬化、减缓血压增高的过程。由于灵芝酸具有显著的药用效果，因此，灵芝酸的含量便成为灵芝及其制品的重要指标之一。灵芝酸在水中的溶解度极低，易溶于氯仿、甲醇、乙醇、乙酸乙酯等有机溶剂中，生产保健品时，灵芝酸多用食用乙醇提取。子实体的灵芝酸集中在灵芝子实体腹面和边缘部分。

（三）其他化学成分

1. 核苷类化合物

核苷类化合物是具有广泛生理活性的水溶性成分。余竞光从薄盖灵芝菌丝体中分离到尿嘧啶、尿嘧啶核苷、腺嘌呤、腺嘌呤核苷。有研究表明，灵芝腺嘌呤核苷是一种药理活性很强的物质。灵芝含有多种核苷衍生物，具抑制血小板的过度聚集能力，对老年淤血者具有良好的抗血凝作用，从而能改善人体血液循环，预防脑血栓、心肌梗死等疾病。

2. 甾醇类化合物

灵芝中的甾醇含量较高，是其重要有效成分之一，仅麦角甾醇含量就达3%左右。已知从灵芝的子实体和孢子粉中分离到的甾醇就有近20种，其构型分为麦角甾醇类和胆甾醇类两种类型，含有麦角甾醇、麦角甾醇棕榈酸酯、胆甾醇、β–谷甾醇和各种甾醇类的异构物。甾醇类化合物大都是激素的前体物，具有增强激素分泌能力、调节内分泌、增强心肌收缩能力、抗疲劳、提高机体抗病能力和抗缺氧能力等功效，并对神经具有保护作用。

3. 脑苷及多肽、氨基酸类化合物

灵芝中的脑苷类化合物对DNA聚合酶复制有抑制活性作用。灵芝多肽类化合物包括中性多肽、酸性多肽、碱性多肽，多肽类化合物水解为天冬氨酸、谷氨酸、精氨酸、酪氨酸、亮氨酸、丙氨酸、赖氨酸等多种氨基酸，试验证明可以提高小鼠窒息性缺氧存活时间。

4. 生物碱类化合物

灵芝中的生物碱含量较低，有胆碱、甜菜碱及其盐酸盐、灵芝碱甲、灵芝碱乙、烟酸这5个新的生物碱。灵芝总碱可明显增加麻醉犬的冠状动脉血流量，降低冠脉阻力及心肌耗氧量，提高心肌对氧的利用率；γ–三甲氨基丁酸在窒息性缺氧模型中有延长存活期的作用，能使离体豚鼠的心脏冠流增加。灵芝碱甲、灵芝碱乙具有抗炎作用；甜菜碱在临床上可和N–脒基甘氨酸协同治疗肌无力。

5. 其他有效成分

灵芝中含有多种微量元素，如锰、镁、钙、硒、锌、铁、钾、锗等元素和脂肪酸类物质。还有呋喃类衍生物，分别为5–羟甲基呋喃甲醛、5–乙酰氧基甲基呋喃醛等；氢醌类化合物，对革兰阳性和阴性菌均有抑制作用；有机酸、长链烷烃类化合物，包括硬脂酸、棕榈酸、花生酸、二十二烷酸、二十三烷酸、二十四烷酸，以及甘露糖和海藻糖等。油酸具有抑制肥大细胞释放组胺、膜稳定、抗过敏作用；薄醇醚、孢醚可使肝脏再生能力增强。

二、灵芝的药理作用

灵芝是我国医药宝库中一种传统的珍贵滋补"上品"中药材，有2 000多年的悠久用药历史，素有"仙草""瑞草"之称，在

民间不仅被认为是吉祥美好的象征，而且被认为是一种"扶正固本""滋补强壮"的药材。《本草纲目》中记载灵芝"甘温无毒，主耳聋，利关节，保神，益精气，坚筋骨，好颜色，疗虚劳，治痔"，《中国药典》中记载"灵芝味甘，性平，归心、肺、肝、肾经；具有补气安神、止咳平喘之功效；临床用于心神不宁，失眠心悸，肺虚咳喘，虚劳短气，不思饮食"。科学研究和临床应用表明，灵芝具有广泛的生理和药理活性，被广泛用作保健品、药品的原材料。

（一）免疫调节作用

《本草纲目》记载灵芝"扶正固本"，体现出灵芝具有稳态调节和免疫调节作用。灵芝通过免疫调节维持机体内环境的稳定，提高机体适应内外环境变化的能力。大量现代研究发现，灵芝可激活机体巨噬细胞系统的功能，可使脾脏巨噬细胞增殖，对机体体液免疫功能和细胞免疫功能有促进作用。改善肾上腺皮质功能，对各种原因的白细胞减少症有疗效，能增加红细胞、白细胞、血色素和血小板，增强体质。还可改善衰老所致的免疫功能衰退。

（二）抗肿瘤作用

癌症被全球医学重点关注，各种治疗途径正在加紧研究，其中真菌的抗肿瘤作用研究十分活跃。由于灵芝具有特殊的药理作用，其抗肿瘤功效一直是研究的热点和重点。灵芝多糖和三萜类化合物是其发挥抗肿瘤作用的主要物质。灵芝可改善各种癌症症状，抑制癌细胞形成、生长、转移、增殖，促使肿瘤缩小，消除腹水，减轻患者痛苦，增进食欲，对术后的复发有预防和抑制作用，并可以延长生存期。特别提醒，治疗是一种非常复杂的系统工程，具体到个体患者，要由专业机构医生进行治疗，不能看到产品或科普宣传自行将灵芝产品当作治疗药物使用。

（三）清除自由基及抗衰老作用

现代医学研究发现灵芝可通过增强过氧化酶的活性，加快机体内自由基的清除，进而起到抗衰老的作用。研究还发现，灵芝丙酮提取物在体外具有抗氧化脂质生成的作用，灵芝浸提液能够有效清除和降低自由基对有机体生物大分子的损伤。灵芝可抑制心、脑、血浆中丙二醛、脂褐素的生成，达到除斑养颜、延缓衰老的效果。

（四）降血糖、降血脂作用

现代研究发现，灵芝孢子的可溶性醇提取物可在一定程度上防止小鼠体内由四氧嘧啶诱发的肾上腺素升高，能够改善小鼠的耐糖量；灵芝多糖能够显著调节高血脂小鼠血清中的总胆固醇（TC）、甘油三酯（TG）及低密度脂蛋白胆固醇（LDL-c），并能在一定程度上升高高密度脂蛋白胆固醇（HDL-c）。灵芝多糖可通过提高胰岛素水平，降低氧化应激水平，改善胰岛素抵抗，增强糖代谢酶活性等途径来实现降血糖作用。灵芝多糖降血糖作用靶点多，改善糖尿病症状明显。

（五）增强肝等重要器官的作用

灵芝能调节免疫功能，提高机体重要器官，如心、肺、肝、肾等的功能。研究发现灵芝具有护肝作用，可以减轻四氯化碳所诱发的慢性肝炎。针对灵芝子实体多糖对小鼠急性酒精肝损伤预防的代谢组的研究结果，发现灵芝子实体多糖可以通过调节小鼠肝脏中脂质与有机化合物代谢来预防急性酒精肝损伤，且能够有效缓解胆碱代谢、甘油磷脂代谢和ABC转运蛋白这三个代谢通路中因酒精作用发生明显改变的代谢。灵芝能改善各类型病毒性肝炎、中毒性肝炎、肝硬化症状和体征，使肝功能复常，还能增强肝脏解毒功能和再生能力。

（六）抗放射作用

灵芝能增强机体对放疗、化疗的耐受性，减少放疗、化疗毒副作用。有研究显示，灵芝中的活性多糖可抑制辐射诱发的病变。该研究以年轻的成年小鼠为实验对象，使其全身暴露于伽马射线下，之后以口服方式摄入灵芝多糖萃取物。研究者根据小鼠的存活率、血液分析、骨髓细胞染色体的畸变程度，以及肝细胞内的GSH（谷胱甘肽，有解毒和抗氧化作用）、MDA（丙二醛，自由基破坏细胞后的产物）含量等指标的变化，评估灵芝多糖的保护作用，并与临床上常用的抗辐射细胞保护剂amifostine（氨磷汀，照射伽马射线前30分钟腹腔注射300毫克）的效果进行比较。结果发现，高剂量灵芝组小鼠的存活率为66%，抗辐射细胞保护剂组小鼠的存活率为83%，而在照射前后没有受到任何保护的小鼠，死亡率则是100%。自由基学说是辐射损伤的基础理论，机体受辐照后产生大量自由基，引发脂质过氧化，对机体各器官和组织造成损伤。灵芝多糖对自由基有清除作用，对细胞膜脂质过氧化有抑制作用，灵芝类产品具有的抗辐射损伤作用与其清除自由基的效应有关。

（七）对心血管系统的作用

灵芝提取液具有强心和保护心肌缺血的作用。动物实验和临床试验均表明，腹腔注射灵芝酊或菌丝体乙醇提取液可增强在体兔心的收缩力改为在体兔心的收缩力，但对心律无明显影响。灵芝可有效地扩张冠状动脉，增加冠脉血流量，改善心肌微循环，增强心肌氧和能量的供给，因此，对心肌缺血具有保护作用，可广泛用于冠心病、心绞痛等的治疗和预防。此外，灵芝可降低血胆固醇、脂蛋白和甘油三酯，并能预防动脉粥样硬化斑块的形成。对于粥样硬化斑块已经形成者，则有降低动脉壁胆固醇含量、软化血管，防止进一步损伤的作用。

（八）对呼吸系统的作用

灵芝有镇咳、祛痰作用，对气管平滑肌有解痉、平喘作用。灵芝对慢性支气管炎引发的咳、痰、喘有疗效。研究表明，灵芝水提取液具有镇咳和平喘的作用。灵芝酊、灵芝液及灵芝菌丝体乙醇提取液能抑制组胺引起的豚鼠离体气管平滑肌收缩。预先给哮喘豚鼠模型腹部注射灵芝酊，可使豚鼠喘息发作的间隔时间延长，并减轻或抑制诱发的喘息。灵芝有"扶正固本"的作用，使患者体质和抵抗力增强，从而促进慢性支气管炎、支气管哮喘等疾病恢复，减少此病的复发。

（九）对神经系统的调节作用

灵芝水提取液、灵芝酊、菌丝液等均有镇定催眠作用，表现为能使小鼠自发性活动明显减少，肌张力减弱，以及增强催眠药戊巴比妥钠的麻醉作用。另外，灵芝提取液还具有改善学习与记忆的作用，通过动物实验证明，使用了灵芝提取液的实验品，记忆力明显增强，而且显著提高了大脑中5-羟色胺和多巴胺神经递质的含量，并且这两种作用存在相关性。除此之外，灵芝提取液还能起到脑保护等作用。灵芝治疗神经衰弱效果最为显著，既能改善睡眠，增进食欲，又能使头痛、头胀等症状减轻或消失，逐渐恢复记忆力，神疲乏力现象明显改善，而且没有不良反应，无瘾性产生。

（十）灵芝有对抗过敏及其他作用

灵芝能抑制亢进的免疫水平，保持机体自身的稳定。可治疗变态反应性或自身免疫性疾病。炎症是一种常见的皮肤问题，导致炎症反应的原因很多。辐射是一种直接影响因素，可引起红斑、水肿和上皮增生反应。由于抗生素的不良副作用，以及耐药性和突变菌株的出现，研究人员正在从药用植物中寻找新的抗菌药物。有研究发现，灵芝是具有抑制革兰阳性菌和革兰阴性菌活性的抗菌化合物，其水提物对15种革兰阳性菌和革兰阴性菌都有抑制作用。经研究发现，灵芝三萜类化合物能够增强机体的免疫功能，压制引起过敏的免疫反应。尤其富含灵芝甲醇类提取物能减轻对蚊子过敏引起的皮肤瘙痒，这是因为传递痒感的神经受体受到抑制，阻挡了痒感的传递。由于多数有过敏性皮肤瘙痒的人，皮肤瘙痒感受体通常是一般人的好几倍，因此无论何种过敏源，灵芝的这一项作用都非常值得参考。而灵芝在这里起的另外一个作用就是强化机体免疫系统。值得一提的是，灵芝不像抗敏药物那样吃了几分钟就见效，毕竟免疫系统是人体的一个大系统，是无法一蹴而就的，需要坚持服用才能对提高机体免疫力有帮助。因此建议过敏发作时要及时服用抗敏药物，而在非发作期坚持服用灵芝以增强体质，减少过敏发作次数。

此外，灵芝对消化系统有作用，通过动物实验证明，使用灵芝提取液后，胃黏膜流血量和胃壁黏膜液的分泌量均显著增加，表明灵芝提取液对胃黏膜损伤具有保护作用。临床实践证明，灵芝对吸毒人员及艾滋病患者的体质也有改善作用。

第六章 常用的灵芝食用方法及注意事项

灵芝产品形式有新鲜灵芝子实体、干灵芝子实体、灵芝切片、灵芝粉（灵芝磨成的颗粒、棉絮状粉和超细粉）、灵芝茶、灵芝胶囊、灵芝冲剂、灵芝孢子粉、破壁灵芝孢子粉、灵芝孢子油、灵芝浸膏粉（灵芝提取物制成的粉）、灵芝美容护肤品、灵芝多糖，以及灵芝产品与其他食品或药品组成的复方产品等。不同形式的灵芝产品食用方法有所不同，凡是正规厂家定量包装的深加工产品都有相应生产许可证及食用说明书，没有特别情况，按说明书或咨询生产厂家和保健医生服用，不要随意改变食用量和食用方法。本章推荐一些从其他文献摘录和近30年来跟菇农及一些有食用灵芝产品的人士交流总结的灵芝食用方法，供有需要的人士参考。特别要提醒说明的是所有推荐的食用方法仅供参考，不同体质、不同年龄、不同品种灵芝、不同形式灵芝产品的食用量、食用方法均不尽相同。食用灵芝的人士一定要根据自己的实际情况采用适合自己的食用量和食用方法，最好在食用前咨询医生或专业保健人士，充分了解后再食用。市场上、互联网上，时不时会看到对灵芝产品效果有夸大宣传的情况，要注意分辨和理性消费。

一、常用的灵芝食用方法

（一）鲜灵芝食用方法

鲜灵芝通常是指未完全停止生长、菌盖边缘仍有约0.5厘米生长圈（浅黄色）的未成熟的灵芝子实体。有时也指灵芝原基生长期间疏蕾采摘下来的幼小灵芝。市场上，已生长成熟、菌盖上有大量灵芝孢子粉且没有干燥处理的灵芝也被一些商家称作鲜灵芝。

1. 鲜灵芝红枣枸杞桂圆肉茶

参考搭配：鲜灵芝20～30克（切碎或切片）、大枣5枚、枸杞子5克，桂圆肉5克，用电加热的玻璃质养生壶，加约600毫升清水煮沸10～15分钟（可重复加水煮2～3次将汤液混在一起），温服，上述用量可供1人一天饮用。一些人还会加入茯苓、黄芪等，不同体质的人可以根据自己的身体情况和习惯添加其他食材，最好咨询医生选择适宜配方。

2. 鲜灵芝煲汤

参考搭配：鲜灵芝50～100克［用赤（灵）芝时具体用量也可以根据口感调节，赤（灵）芝有苦味，紫（灵）芝不苦］、枸杞子30克、大枣10枚、乳鸽1只、生姜3片，水适量，按传统煲汤或炖汤方法即可，可供3～4人饮用。煲汤时，无论猪肉、鸡肉（骨头）都可以加入鲜灵芝，按各自的饮食习惯加入调料喝汤吃肉即可。经验表明，如果在煲汤停火前10分钟左右加入3～5克未破壁的灵芝孢子粉，味道更鲜美。在广东，一些地方餐饮店把鲜灵芝煲鸡汤（还会加其他佐料）作为一味保健汤来供应给食客选用。

（二）干灵芝食用方法

干灵芝食用之前一定要洗干净，一些销售人员或其他经营者（比如一些旅游景点）通常会介绍灵芝菌盖上有孢子粉，还会说孢子粉很珍贵，为了不浪费，建议购买者不要洗，直接食用。其实，这是一种误导，绝大部分灵芝在生长、晒干、运输及销售过程中（特别是散装销售）均会受到不同程度的灰尘等杂质污染。运输或保存不当导致发霉、生虫的灵芝是不能食用的，千万不要觉得丢弃可惜而继续食用。如果不洗干净就食用是不卫生的，对身体有不良影响，所以，灵芝食用前尽可能用清水洗去表面的灰尘等杂质。这跟平时从市场买回的其他食材需要清洗过才煮是一样的道理。为了方便，可以先将要食用的灵芝一起洗好，然后切片（洗过的灵芝吸水后容易切片），再晒干或烘干，含水量尽可能低于10%，密封保存。为了防止生虫变质，高温高湿季节，最好放冰箱冷藏，食用时按需要量取出，可以省去每次食用时都要洗净和切片的步骤。下面介绍几种较常用的干灵芝食用方法。

1. 灵芝泡水

将灵芝切片（如果能粉碎或用剪刀剪成碎块更好），放进保温杯或普通茶杯，用热开水冲泡后当茶水喝。普通保健，一个成人每天用量为6克左右，也可根据口感来调整用量，可连续冲泡3次以上。如果是供多人饮用，可以将一定量的灵芝碎块放入保温瓶，倒入开水后盖上瓶塞，需要时倒出即可。这种方法食用方便，栽培灵芝的菇农常用这种方法，当天泡的灵芝水要当天饮用完，不要过夜。

2. 水煮灵芝

将灵芝粉碎或切片，放入玻璃质电热养生壶，根据饮用人数确定用量（每人每天6克左右），加适量水煮，每6克灵芝加水500～600毫升，煮至200～300毫升，可添加适量大枣、枸杞子、黄芪、桂圆肉等。通常多人一起饮用才用此方法，可重复煮2～3次，三次煮的汤液可以混在一起再喝，也可以分开喝，第一次煮的水要多一点。当天煮的汤液当天饮用完，不要过夜。

3. 灵芝煲鸡（或其他禽、畜骨肉类）

灵芝可以和各种肉类，如鸡、猪肉、猪骨、鸭、鹅、鸽子、鳄鱼、水鱼等一起煲汤，用赤（灵）芝煲汤时，灵芝的用量主要还是以合口味来定，量多时味苦，难喝；用紫（灵）芝煲汤时，平均每个人用量6～10克；也可以将紫（灵）芝和赤（灵）芝一起煲汤，口感适中，总用量建议每人6～10克。煲汤时，将灵芝切成薄片（不建议将整朵或大块灵芝直接煲），加入肉类和其他配料（根据各自习惯和保健功能需要加入各种药食同源的食材），加水煲1小时左右，根据食材情况调整时间，不建议像煲老火汤那样煮太长时间，加盐等调味品即可食用。

4. 灵芝泡酒

灵芝泡酒材料配比1：灵芝50克，50度以上白酒500毫升。制法：将灵芝洗净切片晒干或烘干，浸泡于酒内，封盖，放置10日后即可饮用。用法用量：建议每天1次，睡前服用，每次10～20毫升。

灵芝泡酒材料配比2：干燥灵芝切片100克，灵芝孢子粉50克，枸杞子25克，黄芪、山药、五味子等中药材适量（可咨询中医生）。将材料泡入1 000毫升50度以上白酒，密闭封存，30天后饮用。用法用量：建议每天1次，睡前服用，每次10～20毫升。用于泡酒的材料尽量干燥，含水量低于10%。

（三）灵芝孢子粉食用方法

灵芝孢子是灵芝成熟时释放出来的灵芝"种子"，含有多糖、三萜类化合物、脂肪（灵芝孢子油）等成分，有保健需求的人士可以食用。在野生环境下，灵芝子实体产生的孢子飘散在空气中，无法收集，因此，商品用的灵芝孢子粉是没有野生的。检测结果表明，未破壁的灵芝孢子粉也能检出灵芝多糖（本书编者多次送样到专业检测机构检测，结果显示，未破壁的灵芝孢子粉多糖含量在1%左右，破壁灵芝孢子粉多糖含量在2%左右），提示未破壁的灵芝孢子粉的多糖等有效成分也可以经水煮析出，被人体吸收，只是吸收率相对较低。经科学方法破壁的灵芝孢子粉，其含有的多糖、三萜类化合物、脂肪及微量元素等成分更易被人体吸收利用，效果更好。灵芝孢子粉食用方法如下。

1. 破壁灵芝孢子粉

普通人保健每人每天1次，建议用量2～3克，加热开水约200毫升搅匀，温服。辅助治疗，每人每天5克左右，早晚空腹各服1次，每次用2.5克左右，加开水约200毫升搅匀，温服。或咨询保健专业人士或医生服用。生产厂家定量包装的产品，按说明书服用即可。

2. 未破壁灵芝孢子粉

一般不直接用开水冲服，而是加适量水煮3～5分钟，普通人保健每天3克左右，温服。亦可用未破壁孢子粉煲汤，关火前10分钟左右加入，用量为每人2克左右。

二、食用灵芝注意事项

（一）灵芝产品保存

凡是定量包装的深加工产品，按说明书的保存方式进行保存。干灵芝和切片要密封，密封前要晒干或烘干一次，秋末、冬季和初春气温较低时，可以室内保存；高温高湿季节，量少的可以放冰箱冷藏保存，防止生虫或发霉变质，量大的可放10～15℃冷库保存。自然条件下室内保存的要经常检查是否有虫害发生，有虫害发生时要尽快用烘箱烘一次，温度达到60℃后保持约1小时。

收集或购买的散装灵芝孢子粉，含水量最好不要超过8%，长时间保存最好抽真空后放冰箱冷藏保存，一般可以保存24个月，未破壁的灵芝孢子粉放冰箱冷藏时可以保存更长时间。已开封的散装孢子粉，用可密封的玻璃瓶装，气温超过20℃时，放冰箱冷藏保存，每次取用后，拧好盖子密封，放回冰箱冷藏保存，散装孢子粉启封后，应尽快食用完。而且食用时要用开水冲泡或用水煮沸。无论如何保存，即使在保质期内的灵芝孢子粉，如果取出后能闻到较重的油哈味，建议不再食用。

（二）人工栽培灵芝与野生灵芝

一些人认为，野生灵芝吸收天地日月之精华而长成，营养当然丰富无比。但现代科学证明，同品种适时采摘的野生灵芝与栽培灵芝之间有效成分并无明显差异，一些采摘不适时的野生灵芝有效成分含量反而不如人工栽培的灵芝。也就是说，如果采摘的野生灵芝刚好是成熟期，质量通常没有问题。但是，不同灵芝品种的药用功效有较大差异，采摘到的是否有好的效果不确定。许多野生灵芝被发现时通常已经干枯老化，加上被风吹日晒雨淋，有效成分会分解流失，药效降低。此外，野生灵芝通常生长在潮湿的朽木腐物上，会被虫蚁蛀蚀或发生各种霉菌污染而影响质量。自从人工栽培灵芝成功后，随着科学技术的发展与栽培水平的提高，栽培环境在人为调控下，较适合灵芝生长发育，采摘也是掌握在最佳时期，质量有保证，人工栽培灵芝的综合评价普遍比野生灵芝好。当然，有一点要肯定，适时采收的野生灵芝或野外人工仿野生栽培的灵芝与同品种在室内栽培获得的灵芝分别煮水时，野生灵芝和仿野生栽培的灵芝散发出的香气更浓郁。

（三）食用灵芝的其他疑问

1. 灵芝苦不苦

"灵芝苦不苦？"平时经常会有人问到。很多时候，这个问题会被人觉得很简单，甚至觉得很幼稚。其实，这个问题大有学问。对灵芝认知程度不同的人的答案是不同的，甚至有很大差异或答案完全相反，即便答案相反，其实也不能说有错，只是不同人的经历和对灵芝口感敏感性不同而已。根据作者平时经验和与一些人士交流的感觉体会，就灵芝"苦味"分述如下。

从广义灵芝角度来比较，到目前为止，有文献报道，我国被描述的灵芝科的种类超过100种，其中有很苦的品种、苦的品种、微苦的品种、不苦的品种，甚至有被人觉得有特殊香气的品种。作者曾经品尝过一种灵芝，与平时栽培的泰山灵芝相比，同一种水煮方式，同等用量情况下，其苦味就重很多，感觉很苦而难入口。普通的赤（灵）芝是苦的灵芝品种，不同菌株之间苦味程度也有所不同，在广东梅州栽培的不同菌株中，泰山灵芝是相对苦一点的菌株，而广东省农业科学院蔬菜研究所选育的梅灵三号苦味就相对轻很多，甚至一些饮用者认为是甘苦味。西藏白肉灵芝、松杉灵芝苦味与普通赤（灵）芝相比，苦味也相对轻一点。紫（灵）芝完全没有苦味，一些菌株在仿野生环境下，获得的成熟子实体，水煮时甚至有一种特殊的香气。一些白肉灵芝菌株，经段木栽培获得的子实体，干燥后，用薄膜袋密封包装放置一段时间后，打开时也会有一种特殊的香气，闻起来感觉很好。此外，同一品种，同等重量情况下，用不同水量煮15分钟，其苦味也是不同的。

2. 灵芝孢子粉苦不苦

"灵芝孢子粉苦不苦？"同样是很多食用人士提出的问题。无论是破壁灵芝孢子粉还是未破壁的灵芝孢子粉，如果没有添加其他成分，按平时食用量，用开水冲泡（1次2克用水约200毫升），在可以服用的温度喝入口时，是没有苦味的，只有孢子粉特有的淡淡味道，没有经常喝的人会感觉不太好喝，喝习惯的人不会介意其味道。破壁与未破壁孢子粉在同等用水量情况下，破壁灵芝孢子粉的味道稍浓一些。

如果不用水冲泡，直接将少量的灵芝孢子粉放入口中（要特别注意，不能太多，因为干的灵芝孢子粉放入口中会有很干的感觉，甚至会有呛喉咙的感觉），然后慢慢咀嚼，破壁的灵芝孢子粉会有淡淡的酸苦味，感觉很轻，算不上苦味，未破壁的孢子粉味道更淡。如果用水量很少，刚好把灵芝孢子粉调成糊状，放入口中，不要马上吞服，慢慢品嚼，先会有一点点酸苦味，当吞下去后不要马上喝水，接着会感觉到一种淡淡的油香味，这种油香味是灵芝孢子粉里脂肪（孢子油）的味道。

3. 为什么一些灵芝孢子粉产品会苦

纯灵芝孢子粉用水冲服时是不苦的。为什么市场上一些灵芝孢子粉产品会有苦味呢，一些苦味还不轻，这也是经常有人问到的问题。

首先，每个人对苦味的敏感度和接受程度不同，所以描述苦味的感觉也是有些区别的。不过如果服用的灵芝孢子粉苦味比较明显的话，很有可能获得的不是100%的纯灵芝孢子粉。当然，不是100%的纯灵芝孢子粉并不代表所得到的产品就是劣质产品，要具体情况具体分析。

出现苦味，有可能是一种配方产品，就是产品设计本身就不是纯灵芝孢子粉配方，而是根据特定配方添加了灵芝超细粉、菌丝粉，甚至是灵芝提取物，如果添加用赤（灵）芝为原料生产的这些成分，产品肯定会有苦味。添加灵芝提取物的产品，通常需要胶囊装，因为灵芝提取物特别容易吸水结块，影响商品外观甚至影响保存时间和品质。

如果标明是纯灵芝孢子粉，产品又有超出正常灵芝孢子粉味道的苦味，就可能是掺杂了灵芝超细粉，这类产品就不建议购买和服用。其实，按目前技术水平，灵芝孢子粉的收集技术已经很成熟，产量也很高，灵芝孢子粉的初级产品价格比以前降低了很多，凡是行内有专业知识的人士，不应该再犯这种低级错误。当然，一些配方产品，添加灵芝超细粉等成分，除了配方功效需要外，通过加重产品味道来掩盖不同生产基地产的灵芝孢子粉味道，来让产品保持一致性的口感也是有可能的，毕竟同一菌株不同培养料（不同树种段木或代料栽培培养基在不同环境条件下）灵芝孢子粉的味道会有少许差异。不过，只要是按法律规定和产品既定配方生产的合格产品就是安全的，可以按产品说明书食用。

参 考 文 献

陈惠，2021. 食用菌与健康［M］. 上海：上海科学普及出版社.

陈体强，李开本，2004. 中国灵芝科真菌资源分类、生态分布及其合理开发利用［J］. 江西农业大学学报，26（1）：89-95.

何焕清，2004. 袋栽灵芝栽培及孢子粉收集技术［J］. 2004灵芝专题研讨会论文摘要集：23-25.

何焕清，彭洋洋，肖自添，等，2022. 广东粤北山区林下灵芝栽培模式及技术要点［J］. 中国食用菌，41（1）：41-44，51.

何焕清，肖自添，张晚有，等，2018. 灵芝优质生产技术［M］. 北京：中国科学技术出版社.

何焕清，张晚有，钟永盛，2018. 灵芝孢子粉收集技术［J］. 科学种养（9）：22-24.

黄育江，彭洋洋，何焕清，等，2020. 活体灵芝盆景的生产与效益分析［J］. 食用菌，42（5）：40-42.

林志彬，2007. 灵芝的现代研究［M］. 3版. 北京：北京大学医学出版社.

丘志忠，何焕清，陈逸湘，等，2008. 代料栽培灵芝孢子粉收集方式比较试验［J］. 广东农业科学（10）：88-90.

吴兴亮，戴玉成，林龙河，2004. 中国灵芝科资源及其地理分布［J］. 贵州科学（2）：27-34.

张北壮，2019. 中国灵芝：人工智能气候室创新栽培［M］. 广州：中山大学出版社.

赵继鼎，1989. 我国古籍中记载六芝的初步考证［J］. 微生物学报（3）：54-55.

赵继鼎，张小青，2000. 中国真菌·灵芝科［M］. 北京：科学出版社.

附录　灵芝菌种生产技术

　　灵芝菌种质量的好坏与灵芝的产量、质量有很大的关系。菌种质量好，加上合理的栽培管理，就容易获得高产稳产；菌种质量差，则难以获得高产，甚至绝收。灵芝菌种质量的好坏决定于所用品种的种性及菌种制作技术，种性决定于所用菌种的遗传性，不同的品种在相同制种技术及培养方法下，其产量、质量会因各自种性而有差别。种性确定后，菌种的好坏决定于菌种制作技术。在制种条件不好或制种技术不过关的情况下，栽培者最好到信誉好的菌种场购买菌种。如果条件许可，栽培者自己制作菌种不仅可节约开支、降低成本，还能对所用的菌种特性及质量好坏做到心中有数，使栽培更易获得成功。

一、灵芝菌种的类型和生产流程

　　通常所指的食用菌菌种，是经过人工培养并进一步繁殖的食用菌的纯菌丝体及其培养料。灵芝生产使用的菌种分固体菌种和液体菌种两大类。

（一）固体菌种及生产流程

　　传统食用菌菌种通常是指固体菌种，根据固体菌种培养的不同阶段，可分为一级种、二级种和三级种。菇农在生产时，常常把一级种称作母种或试管种，二级种称作原种，三级种称作栽培种或生产种。这里所指的"一级""二级""三级"是菌种制作中第一、第二、第三阶段的意思，并不是质量优劣等级的划分。一级种（母种、试管种）：从自然界中经各种方法选育得到的，以玻璃试管或培养皿为培养容器和使用单位的，具有结实性的菌丝体纯培养物及其继代培养物。二级种（原种）：由母种移植、扩大培养而成的菌丝体纯培养物。常以玻璃菌种瓶、塑料菌种瓶或15厘米×28厘米聚丙烯塑料袋为容器，其培养基是以天然材料为主，添加适量可溶性营养物质配制而成的固体培养基。原种的作用是扩大菌种数量，并使菌种逐步适应木质素、纤维素等复合培养基原料的生长环境。三级种（栽培种、生产种）：由原种移植、扩大培养而成的菌丝体纯培养物。常以玻璃瓶、塑料瓶或塑料袋为容器。栽培种通常只能用于栽培，一般不可再次扩大繁殖菌种，其培养基与原种基本相同。无论哪级种，其制种工艺都包括原材料加工与贮备，以及培养基配制、分装、灭菌、冷却、消毒、接种、培养、检验、使用或销售等环节。灵芝固体菌种制作工艺流程见附图1。

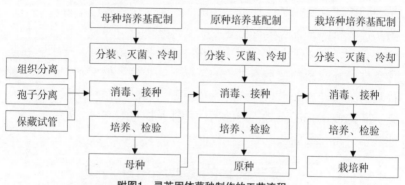

附图1　灵芝固体菌种制作的工艺流程

（二）液体菌种及生产流程

液态菌种（菌丝球及其培养液）是利用生物发酵工程生产的。其原理是采用生物发酵技术，给菌丝生长提供一个最佳的营养、酸碱度、温度、供氧量，使菌丝快速生长，迅速扩繁，在较短时间内获得一定数量和良好活力的菌丝球及其培养液，供食用菌生产接种使用。其容器通常是液体发酵罐，也有用玻璃三角瓶或其他可以用作液体菌种培养的容器。液体菌种与固体菌种相比，具有生产所需时间短、种量大、接种快、接种后菌包菌丝发菌快、一致性好等优点。缺点是制作完成后的生产用种要及时使用，不能像固体菌种那样可以相对较长时间保存，通常不远距离运输，即使运输也比固体菌种麻烦、复杂。

生产流程：试管母种培养→三角瓶液体菌种培养→发酵罐液体菌种培养→菌种检测→菌种使用。液体菌种制作工艺流程见附图2。

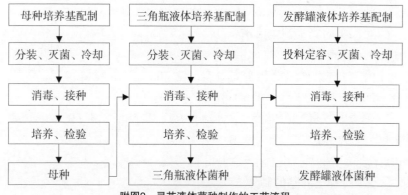

附图2　灵芝液体菌种制作的工艺流程

二、灵芝母种制作技术

（一）场所与设备

母种制备室要求宽敞、明亮、干燥，有良好的通透性，用水、用电方便，一般的实验室可以满足母种制作要求。小型菌种厂或栽培户可以根据实际条件安排母种制作场所，母种制作场所应配备以下基本设备、用具及试剂、材料。

1. 设备、用具

常用母种容器规格：生产栽培规格为18毫米×180毫米、18毫米×200毫米、20毫米×200毫米、25毫米×200毫米等；菌种保藏用15毫米×150毫米。

试管分装器具：由漏斗与橡胶管、接液管、铁架台等组装而成，或者带橡胶管的分装量杯。电子天平量程为0～1 000克，精确到0.1克，用于精确称量试剂材料。量杯或量筒用于培养基配制的定容用具，常用500毫升、1 000毫升、2 000毫升。电饭锅、电磁炉、电炉等设备用于煮沸土豆，提取汁液，溶化琼脂等。高压灭菌锅有手提式、立式（全自动或半自动）。消毒、接种设备有臭氧发生器、紫外灯等。接种设备及工具有超净工作台、接种箱、接种钩、接种针、手术刀等。

2. 试剂、材料

葡萄糖、蛋白胨、琼脂粉（条）、磷酸二氢钾、硫酸镁、维生素、消毒剂（酒精等）、马铃薯、黄豆粉、麦麸等。

（二）培养基制作技术

1. 培养基配方

配方1：简称PDA培养基，马铃薯200克，葡萄糖20克，琼脂18～20克，水1 000毫升，pH自然。

配方2：马铃薯200克，葡萄糖20克，磷酸二氢钾2克，硫酸镁0.5克，蛋白胨2克，维生素$B_1$5毫克，琼脂120克，水1 000毫升，pH自然。

2. 母种培养基的制作方法

不同培养基制作方法大同小异。工艺流程：培养基原料称量→水煮马铃薯→过滤→加琼脂煮溶→加葡萄糖等成分→续煮搅拌至完全溶解→调测容量1 000毫升→调测酸碱度→分装→塞棉塞→灭菌→摆斜面→检验备用。以配制1 000毫升PDA培养基为例介绍母种培养基制作过程，其他配方可按实际需要增减成分。

原料准备，称取200克新鲜马铃薯〔去皮，挖去芽眼（因芽眼处含有龙葵碱，有毒）〕，切薄片或1厘米×1厘米粒状，葡萄糖20克、琼脂20克，水适量（2 000毫升左右）。

将准备好的马铃薯加约1 200毫升水煮沸约15分钟，直至马铃薯软而不烂，用八层纱布过滤，取滤液备用。

将琼脂粉（或琼脂条）放入上述滤液中，加热至全部溶化，再用四层或八层纱布过滤，取滤液加入葡萄糖搅拌至完全溶化，测溶液容量，不足1 000毫升时可用水补足至1 000毫升，如果超过1 000毫升，可以续煮至容量为1 000毫升。

培养基要趁热分装于试管里，试管一般用20毫米×200毫米的，注意培养基装入量为试管长度的1/5～1/4，分装时试管口内壁（塞棉塞或胶塞位置）不能粘有培养基，如不小心粘有，用干净纱布擦干净，否则，培养基污染概率会大幅增加。

试管口用棉塞或硅胶塞封口，棉塞应不松不紧，大小适宜，所用棉花要干净无霉变，最好先灭菌处理一次。塞试管口时，在培养基未凝固之前要尽可能始终保持试管在45度倾斜至直立状态，若培养基未凝固时把试管倾斜过度，培养基会粘在棉花塞或胶塞上，试管应不再使用，否则很容易发生污染，后患无穷。

配制分装好的培养基要及时灭菌，灭菌时7支试管为一扎用绳子或耐高压的橡皮筋扎紧，竖直放置于灭菌锅里，绑扎试管至将试管放入灭菌锅期间，不能过分倾斜试管，以免培养基粘到试管口。灭菌时间不能太长，0.15兆帕（约121℃）保持15～20分钟即可，以免消毒时间过长会破坏培养料的营养成分，不利于菌丝生长。灭菌结束后让蒸汽自然下降、压力表读数降为零时才可以打开锅盖。

待灭菌锅内培养基稍稍冷却后将其斜放于桌面上，做成斜面培养基，要注意气温低时不能过早取出试管培养基，否则，试管内会凝结水滴，对菌丝生长不利，摆试管斜面时，让试管内培养基前段在试管的3/5处附近，不能粘到试管塞。试管从灭菌锅取出至摆斜面期间，不能过分倾斜试管；摆放试管后，在培养基未凝固之前不要移动试管，以免造成断裂或表面不平。在气温较低时，摆斜面后应采取适当保温措施以延长冷却过程，以免试管内壁出现大量冷凝水。

检验备用，挑取制作好的试管2～3支，放置于25℃恒温箱中培养3～5天，若培养基表面没有发现杂菌产生，则表示灭菌彻底，可供扩接母种使用，若发现有杂菌则必须舍弃不用，制作好的试管如果不能及时使用，可以用干净的塑料袋装好，放入4～8℃冰箱保存，建议制作的试管在30天内用完。

（三）获得母种的途径

获得灵芝母种的途径主要有四种：一是从有资质的菌种生产商、菌种保藏机构或食用菌科研单位购买或索取，此种方式是普通生产者最常用的母种取得方式。二是利用组织分离方法从新鲜的子实体中分离获得母种。三是用孢子分离获得母种。四是从灵芝生长基质中分离获得母种。灵芝栽培或菌种生产者无论用哪种方式获得的母种，在实际生产中一定要通过必要的试种并确认优良特性之后才能扩大规模栽培。同时，要注意知识产权保护，不能侵犯育种者或菌种权所有者的知识产权。

（四）菌种提纯

菌种提纯是对从孢子分离、组织分离和基质分离获得的菌丝进行纯化。将所分离的菌种再转接种在PDA培养基（用培养皿）上进行再次培养。如果是纯种菌丝，培养后的菌落菌丝会逐渐向四周呈辐射状生长，外缘整齐一致。反之，菌丝生长速度不一、菌落边缘参差不齐，或出现黏液状物，或呈其他形态的菌丝。这样的菌种，必须再提纯，即取菌丝生长整齐、单纯的菌落，用于扩大繁殖。最后还要做出芝试验。经出芝鉴定，子实体生长良好的菌种才能作为生产用菌种。

（五）母种的扩繁

经出芝鉴定最后确定母种，菌丝长满试管斜面后，移植到新的斜面培养基上培养生长，这叫扩大繁殖。扩大繁殖要在严格的无菌条件下操作。接种箱（室）需进行严格消毒，切忌把种源放进去（种源在药剂、紫外灯光照射下易发生变异）。转接菌种时，可用接种针把菌丝连同培养基一起移到新的斜面培养基上，每支试管可接20～30支试管。然后放在25～28℃下培养，当菌丝长满试管后，可用同样的方法再次转接。转接菌种时应选择生长旺盛、菌龄短、菌丝层尚未出现色素分泌物的试管用于转管。菌龄较长，已产生韧质菌皮，通常不宜用于转管。一般以扩大2～3次为宜，传代次数太多，会引起变异，降低活力。在接种过程中，动作要快，试管口始终要处在酒精灯火焰上方，塞瓶口的棉塞也要过火焰消毒，以免感染杂菌。

母种转接入斜面培养基后，应贴上标签，避光培养。培养室温度需控制在25～28℃，空气相对湿度控制在60%～70%。如用电热加温，如空气相对湿度过低，要适当增加空气相对湿度。培养室还应有一定的通气量，以保持空气新鲜。温度过高，菌丝虽然长得快，但培养基易失水，菌丝易老化发黄。培养室通风不良，菌丝软弱无力，易倒伏，影响菌种质量。在适宜的条件下，3天左右接种块上就会长出白色绒毛状菌丝。待菌丝长满整个培养基表面即可使用。

（六）母种保藏

菌种保藏是通过降低基质含水量、降低培养基营养成分、利用低温或降低氧分压的方法降低食药用菌的呼吸、生长、新陈代谢等，使其处于半休眠状态或全休眠状态，以显著延缓菌种衰老速度，减少发生变异的机会，从而使菌种保持良好的遗传特性。灵芝斜面试管低温保藏法是灵芝母种最常用的保存方法，一些有条件的企业、科研机构及专业菌种保藏单位会采用液体石蜡保藏法和液氮超低温菌种保藏法。灵芝低温斜面试管保藏跟其他食用菌一样，通常保存在8℃左右的冰箱中，为了保证菌种不因低温伤害而死亡，冰箱温度不能太低。

灵芝母种保藏时用牛皮纸或硫酸纸将试管棉花塞包好，放在清洁的小木盒中。木盒上注明菌种的名称、接种日期、放入冰箱保存日期、经手人姓名等，必要时最好能把品种特性介绍附上。保藏菌种的冰箱最好是风冷式的，冰箱内比较干燥，不易引起棉塞潮湿，减少污染发生。用这种方法保存的菌种通常每隔3~6个月要转管一次，否则培养基容易失水变干使菌种失活。

三、灵芝原种和栽培种制作技术

（一）制作场所与设备

灵芝原种、栽培种制作场所要求周边无污染性厂矿企业，远离畜禽养殖场及垃圾场，无废水废气污染，地势高，通风良好，排水畅通，交通便利。大型菌种场应设有各自隔离的原材料仓库、配料场、装料场、灭菌室、冷却室、接种室、培养室、储存室、菌种检验室等。小型菌种场，根据实际需要，参照上述要求，保证菌种制作要求情况下，可以简化一些，甚至可以将配料、装料、灭菌等场所整合在一起。

1. 原材料仓库

原材料仓库用于储存、放置原材料，要求能防雨、防潮，防虫、防鼠等。要求水泥地面且远离火源。配备必要的工具如手推车、铲车等。

2. 配料场

配料场是原种和栽培种培养基配制专用场地，要求地形平坦，光线明亮，需水泥地面，有供水、供电设施，如安排在室外，应有防雨防晒棚。场内配备有磅秤、称量器、浸泡池、锄头、铲子、扫把、料斗、箩筐等用具，大型配料场常配有拌料机、铲车、大型料斗、传送带等设备。

3. 装料场

装料场一般在配料场旁，或与配料场合二为一，手工或简单机械操作时，要求地面光滑，减少因沙石或其他硬物刺破菌种袋。装料场所应配置装袋机、装瓶机、塑料筐、推车、传送设备等。

4. 灭菌室

灭菌室要求水电安装合理，操作安全，排气通畅，进出料方便，空间开阔，散热性能强。室内配置灭菌设备、排气扇等。小规模生产的原种、栽培种培养基灭菌，可在配制场内添置相应大小的高压灭菌锅或常压灭菌锅；大规模生产菌种的企业则需要建立专门的灭菌室，并且配备相应的灭菌器设备。

5. 冷却室

小型制种场通常冷却室与接种室共用，不设专门冷却室，把灭好菌的菌包或瓶直接搬入接种室冷却。大型菌种场冷却室通常是一个无菌室，跟灭菌锅连接在一起，避免不洁空气中杂菌孢子散落在菌包、瓶表面或棉塞瓶盖上，要求洁净、易散热、内设推拉门、外设缓冲间。一般情况下，小型场可以自然冷却；大型场为了提高效率，缩短冷却时间，可配备相应的降温和排气设备，以及空气净化设备。

6. 接种室

接种室通常按无菌室标准建设，防尘性能良好，内壁和屋顶光滑，易于清洗和消毒，换气方便，空气洁净。无菌室外一般配有缓冲间，主要用于放置工作服、拖鞋、帽子、口罩、消毒用品等。无菌室在使用前应使空气尽可能洁净。无菌室（包括缓冲间）除照明外还应当安装紫外杀菌灯，还可配置臭氧发生器等消毒设备。菌种室内配置超净台、接种箱、烧杯、接种工具、酒精灯等。小规模菌种厂往往将接种室和冷却室合二为一。无法建设无菌室时，通常用接种箱接种，接种箱应放在干净、光亮、无强通风的场所。

7. 培养室

培养室的内壁和屋顶光滑，安装照明灯、紫外光灯、温度记录装置和湿度记录装置等，室内安放培养架。周年生产的培养室，墙体要求保温性能好，安装空调、换气设备，还要有防虫、防鼠措施。

（二）制作技术

原种、栽培种培养基的原材料来源广泛，只要含有丰富的木质素、纤维素、蛋白质和矿物质，不含不利于菌种生长的物质、不含危害人体健康的重金属和农药残留物的材料都可以，如棉籽壳、杂木屑（不能有松、杉、柏、桉等含有芳香气味和杀菌物质的树种木屑）、玉米芯、粮食加工下脚料（细米糠、麸皮、玉米粉、花生麸）等，所有材料要求无霉变，应符合《无公害食品食用菌栽培基质安全技术要求》（NY 5099—2021）的规定。

1. 原种、栽培种常用配方

配方1：木屑78%，玉米粉5%，麦麸15%，蔗糖1%，石膏粉1%，含水量58%～60%。

配方2：木屑或玉米芯43%，棉籽壳40%，麦麸15%，蔗糖1%，石膏粉1%，含水量60%～62%。

配方3：小麦粒90%，麦麸8%，蔗糖1%，石膏粉1%，含水量60%～62%。

配制培养基时，含水量的计算要把原材料的含水量考虑进去，一般风干的培养料含有结合水约13%。配制好的培养料含水量计算公式：含水量%＝（加水重量+培养料结合水的重量）/（原材料重量+加入的水重量）×100%。配好的培养料，拿适量放在手上，然后用力抓，握拳头状，手有湿润的感觉，但是指缝间没有水滴渗出，手松开时，培养料松而不散，手掌上可见水湿润状，这种培养料含水量约为60%。不同材料的培养基的手感有所不同，有经验的菇农可以用此方法判断含水量是否合适，如果缺乏经验，最好用检测的方式来判断。不过，菌丝生长是否正常是最好的判断含水量是否合适的指标。

2. 原种与栽培种培养基的制作工艺流程

原料的准备→培养基的调配→装瓶（袋）→灭菌→冷却→接种→培养→质量鉴定。

（1）原料的准备。按培养基配方将各种原料、辅料称量好，棉籽壳、花生壳、木屑、玉米芯等材料要进行预处理。规模大的通常分别用定容料斗按比例装各种培养料，然后混合，在大型机械拌料时使用。棉籽壳的预处理方法有两种，一种方法是将棉籽壳用石灰水浸泡，以浸透为度，然后捞起堆制发酵2～5天（视气温而定）；另一种方法是将棉籽壳直接加进拌料机，每100千克棉籽壳用1千克左右石灰，按料水比为1∶1.3加水，充分拌料后堆沤1天即可。木屑无须预处理，使用时直接拌料。小麦粒或玉米粒做原料时，用温水浸泡12～24小时，或水煮沸30～40分钟，使小麦粒或玉米粒吸水胀至将要破裂时，即可滤掉水或处理好后将小麦粒或玉米粒倒在水泥地上备用。

（2）培养基的调配。拌料量不大时，常采用手工拌料，将准备好的棉籽壳（木屑、小麦、玉米芯）摊开，将其他辅料均匀地撒在上面，然后充分翻拌，直至拌匀为止。机械拌料时，有小型拌料机、走地式拌料机、大型拌料机，按说明书操作即可。含水量以60%为宜，以手用力抓料，松手后手掌上有湿润的感觉，不能有水从指缝中滴出为度。

（3）装瓶（袋）。少量生产以手工装瓶（袋）为主，量大时用机械装瓶（袋）。配好的培养料要及时装瓶（袋），菌种瓶通常用750毫升的专用瓶，塑料菌种袋通常用长、宽为26厘米×15厘米，厚为5厘米的聚丙烯袋，根据栽培者习惯，也可用其他规格，菌袋尽可能不要太长，否则，菌种长满菌袋时间偏长，一袋菌种的前端和袋底菌龄相差太大，出芝一致性会受到影响。原种一般用菌种瓶，栽培种可用菌种瓶或菌种袋。装料时，下松上紧，适当压实，装好后菌种瓶用棉花塞瓶口，塑料袋先套上专用颈圈，用棉花塞口或专用盖封口，将菌种瓶（袋）外壁清理干净，及时灭菌。为了提高工作效率，用专用塑料筐来装已经装好培养基的瓶或袋，再用手推车或可移动的架子来搬运，不但可提高效率，还可减少破损，减少污染。为避免灭菌时棉塞吸水，一些菌种生产商在原种生产时，会用牛皮纸或报纸包住瓶口的棉塞。

（4）灭菌。装好培养基的瓶或料袋要及时放入高压蒸汽灭菌锅灭菌，当天的培养基一定要当天完成灭菌，菌种培养基灭菌通常用高压蒸汽灭菌，灭菌时间以达到灭菌效果即可，灭菌时间过长，培养基中的维生素等营养物质会遭到不同程度破坏，影响菌丝生长和菌种质量。小型菌种厂或自产自用的菇农，有些也用常压灭菌方法灭菌。无论用高压蒸汽灭菌还是常压灭菌，灭菌时都要求严格按照技术规范进行。

高压灭菌操作步骤：检查灭菌锅情况→加水→装锅→加热升温→第一次排冷气（压力达0.05兆帕）→第二次排冷气（压力再次达0.05兆帕）→保温保压（0.15兆帕，121℃，保持约2小时）→减压降温→排尽锅内蒸汽（压力表读数为0）→开盖出锅。

不同型号灭菌锅结构和各种仪表安装有一定差异，新买的灭菌锅或第一次使用时要认真阅读说明书和咨询厂家技术人员或原来使用该灭菌锅的人员，做到安全第一，万无一失。

常压灭菌操作步骤：检查灭菌锅情况→加水→装锅→加热升温→保温→冷却→出锅。

常压灭菌时间一般在8~10小时，灭菌量大时，时间更长。装好锅后开始加热，从开始灭菌到温度达到100℃历时越短越好。当锅内温度达到100℃时开始计时，温度不可回落至灭菌结束，灭菌操作者要坚守岗位，不能因通宵灭菌、疲劳或者其他原因而懈怠，引起温度回落，造成灭菌不彻底。现在有好多厂家专门制作常压蒸汽发生器，用于培养基灭菌，菌种制作者可以根据自己的需要购买相应型号的常压蒸汽发生器，并严格按说明书进行操作。

对刚开始进行原种和栽培种生产或使用新灭菌锅的生产者，最初几次菌种制作时，培养基灭菌后在锅内不同位置抽取灭菌后的瓶或菌包（通常在上部、中部、底部各取2瓶或2包），进行灭菌效果检查，按无菌操作规程，在每瓶或每包的中间位置挑取培养基质颗粒，接种于PDA培养基中，每瓶或每包接5支试管或培养皿，每瓶或每包接的试管或培养皿放在一起，分别做好记录，不同瓶或包接的试管或培养皿不要混合在一起。接好的试管或培养皿放入28℃恒温箱培养48小时后检查，无微生物长出的为灭菌合格，熟悉操作之后，一般无须再做类似试验。

（5）冷却。冷却室使用前要进行清洁和除尘处理，然后转入灭菌完待接种的原种瓶（袋）或栽培种瓶（袋），自然冷却到适宜温度，有条件的可利用降温设备加快降温。量少的可直接放于接种室自然冷却。冷却后将菌种瓶（袋）搬入接种室，在接种箱或超净工作台内接种，亦可使用电子灭菌器接种，操作简便，工作效率大大提高。

（6）接种。分原种接种和栽培种接种。原种接种是把母种内的菌丝体连同培养基接入原种培养基的过程。栽培种接种是将原种瓶内的菌种接入栽培种培养基的过程。

在接种前，将原种（栽培种）料瓶（袋）、用于接种的试管母种（原种）及接种工具等全部搬入接种室。用接种箱接种时，先用75%酒精或新洁尔灭溶液对接种箱里面进行擦拭消毒，然后把待接种的料瓶（袋）、接种工具、酒精灯等放入接种箱，再用专用熏蒸剂熏蒸（或紫外灯照射、臭氧发生器）进行消毒。用超净工作台接种时，应先用75%酒精或新洁尔灭溶液对台面及侧面进行擦拭消毒，然后开启吹风和紫外灯约30分钟。原种接种和栽培种接种都要全程严格按照无菌操作要求进行。

原种接种：接种时，先用75%酒精擦母种试管外面，然后将母种从接种箱的入手口送入接种箱（如果是超净工作台接种，可以将母种放入超净工作台与待接的原种瓶一起开机吹风），接种前点燃酒精灯，把接种工具在酒精灯上灼烧，在火焰上方拔出母种及菌种瓶的棉花塞，经灼烧的接种工具先插入原种培养基使之冷却，然后伸入试管，取一块培养基，放入原种瓶内，稍加压实，使菌丝与原种培养基接触良好，然后在酒精灯火焰上方迅速将瓶口塞好，如果生产多种菌种，接种完毕后在瓶上注明菌种名称及接种日期，如果只生产1种菌种，可以在标签上写明接种日期并放在培养架上。无论生产多少种菌种，每次接种记录时最好把接种人员的名字一并写上，便于管理和分清责任。通常一支试管母种可接5瓶左右的原种。

栽培种接种：接种时，先将原种瓶的外表用75%酒精擦抹或用0.1%高锰酸钾液浸泡（通常浸湿即可取出），然后把原种从接种箱的入手口送入接种箱（如果是超净工作台接种，可以将原种放入超净工作台台面与待接的栽培种瓶或袋一起开机吹风），接种前点燃酒精灯，把接种工具如接种钩或镊子在酒精灯上灼烧。在火焰上方拔掉原种瓶的棉塞，先挖去靠近瓶口（袋口）3厘米左右的表层原种以减少栽培种的杂菌污染，如果是塑料袋装的原种，可以从袋的底部撕开袋子，在酒精灯火焰上方拔开待接种的菌种瓶或袋的棉塞或无棉盖，用镊子取少量原种放入瓶（袋）口内，随即在火焰上方塞回棉花塞或盖上无棉盖。亦可用接种钩将原种瓶内的原种挖取一小块放入瓶（袋）口内，再塞好棉塞或盖好无棉盖。整个操作过程动作要快，且尽可能在酒精灯火焰上方完成，以减少杂菌污染。接完种后，将菌种瓶（袋）搬入培养室，记好日期、接种品种名称及接种人的名字，将接种箱或超净工作台打扫干净以备下次使用。一般一瓶原种可接30～50瓶（袋）栽培种。

（7）培养。菌种料瓶（袋）接种后，及时搬进无光或弱光的培养室避光培养，菌种数量少时，最好每瓶（袋）贴上标签，标明接种日期及菌种名称等信息，如果量大就在每一床培养架的显著位置贴好标签，标明接种日期、菌种名称、接种人名字等信息。培养室温度在25℃左右，空气相对湿度在60%～70%，室内保持清洁，没有自动调节设备的培养室要开门窗适当通风，以人进入不觉得闷为好。接种后5天左右进行一次认真检查，看是否有杂菌污染，有污染的及时清出，如果发现有链孢霉等强污染杂菌需特别注意，要用袋子装起来密封再拿出培养室，并及时处理，严防杂菌孢子飘散。随后不定期检查菌丝生长情况和污染情况，发现问题及时处理。菌丝长满瓶（袋）底后，经检查合格的菌种可以用于生产或销售。灵芝菌种长好后应及时使用，如不能及时使用会形成子实体，有子实体原基长出的菌种尽量不要作菌种使用，可当生产用菌包，直接用来出灵芝，条件适宜的情况下通常30天左右长满瓶（袋）。

四、灵芝液体菌种制作技术

液体菌种是利用生物发酵工程生产的液态菌种（菌丝球及其培养液）。其原理是采用生物发酵技术，给菌丝提供一个营养、酸碱度、温度、供氧量最佳的环境，使菌丝快速生长，迅速扩繁，在较短时间内获得有一定数量和良好活力的菌丝球及其培养液，供食用菌生产接种使用。其培养容器通常用液体发酵罐，也可用玻璃三角瓶。

灵芝液体菌种与固体菌种生产相比，液体菌种相对于固体菌种具有设备投资大、用工少、原材料成本低、制种周期短、活力强、发菌快等特点，特别适合灵芝工厂化生产，是灵芝栽培的发展方向。通常灵芝固体菌种从试管种到生产种要70天左右，液体菌种制作从试管到发酵罐菌种需25天左右。液体菌种能在活力最强的时段接入栽培袋，菌龄一致，接种后萌发点多、菌丝萌发快，此外，菌包长满菌丝会缩短1/5以上的时间。液体菌种节省大量人工、场地和能耗，接种同样数量的栽培菌包，可以节省菌种生产成本50%以上。

（一）液体菌种生产常用仪器设备

母种制作常用仪器设备：玻璃试管、小型灭菌器、漏斗、分装架、超净工作台等。

三角瓶液体菌种制作常用仪器设备：玻璃三角瓶、磁力子、磁力搅拌器、摇床（有往复式、旋转式等；往复式因摇瓶速度较快容易把培养基溅到瓶口而造成污染，且往复式容易对菌丝造成损伤，一般建议使用旋转式的）、超净工作台等。

发酵罐液体菌种制作常用仪器设备：发酵罐、空气净化系统、大中型灭菌器、层流罩、超净工作台等。

（二）液体菌种生产工艺流程

灵芝液体菌种生产流程：试管母种培养→摇瓶液体菌种培养→发酵罐液体菌种培养→菌种检测→菌种使用。

发酵罐液体菌种制作工艺流程：发酵容器清洗和检查→培养基配制→上料装罐→培养基灭菌→降温冷却→接入专用菌种→发酵培养→成熟菌种、及时使用。

（三）液体菌种生产常用配方

1. 液体菌种制作用的母种配方

液体菌种制作用的母种配方与常规母种制作相同。

2. 摇瓶及发酵培养基配方

配方1：白糖20克、豆粉5克、蛋白胨2克、磷酸二氢钾1克、硫酸镁0.5克、水1 000毫升。

配方2：葡萄糖20克、马铃薯200克、蛋白胨2克、磷酸二氢钾1克、硫酸镁0.5克、水1 000毫升。

配方3：豆粕粉浸汁综合培养基，豆粕粉50克，葡萄糖20克，KH_2PO_4（磷酸二氢钾）1克，$MgSO_4$（硫酸镁）0.5克，蛋白胨5克，酵母膏2克，水1 000毫升。

根据需配制的培养基的量，按上述培养基配方比例配制培养基。

（四）液体培养基的制作方法

1. 三角瓶液体培养基的制作方法

（1）配料、分装。按配方称好几种物质混合加入水中，搅拌均匀后分装至三角瓶内。其中500毫升三角瓶内盛装350毫升混合液，每瓶滴入2～3滴消泡剂；1 000毫升三角瓶内盛装600毫升混合液，每瓶滴入4～5滴消泡剂。接着用棉塞塞紧瓶口，棉塞要塞入三角瓶瓶口内2/3，再盖一层牛皮纸，用橡皮筋扎紧。

（2）灭菌。将三角瓶放入灭菌器内进行灭菌，加热至压力0.05兆帕时，排气1次，排气至压力表为0；继续加热，压力再升至0.05兆帕时，再排气1次，排气至压力表为0。继续加热，当压力表读数升至0.12兆帕、温度表约121℃，保持灭菌50分钟，即可达到灭菌目的。自然冷却后即可用于接种。

2. 发酵罐液体培养基制作方法

（1）配料、搅拌。按配方称好的几种物质混合加入水中，搅拌均匀并溶化后倒入液体罐内，加水至上方观察窗顶层第二个螺丝接口位置，最后加入消泡剂，封口。

（2）灭菌。单层罐灭菌，整罐推入灭菌器内灭菌，冷却待接种。双层罐灭菌方法是向罐内充入高温高压蒸汽进行灭菌，冷却待接种。

（五）接种和培养

1. 接种

（1）三角瓶液体培养基接种方法。待三角瓶液体培养基灭菌并冷却至22℃左右时，在超净工作台内，取母种块8～9小块接入三角瓶内。

（2）发酵罐液体培养基接种方法。待发酵罐液体培养基灭菌并冷却至22℃时，在层流罩下打开发酵罐接种口，倒入三角瓶液体种，盖封口。

2. 培养

（1）三角瓶液体种培养方法。在摇床内进行培养，温度为24℃，转速为每分钟120～130转，连续培养8～12天。其间每天取出三角瓶放在磁力搅拌机上搅拌10～30分钟，打碎菌丝块，培养成菌丝球。

（2）发酵罐液体种培养方法。在洁净的专业培养房内培养，温度为18℃，通气压力为0.1～0.2兆帕，培养7～8天。

（六）菌种检查

1. 感官检查

（1）看。从发酵罐上部观察窗看罐内液体菌种生长情况，包括颜色、菌丝球大小、数量。随着生长时间延长，颜色一般由深变浅，菌丝球数量由少变多。

（2）闻。从发酵罐顶部出气管闻气味，清香味表示正常。有异味属不正常，分析原因，终止培养。

2. 取样测验

（1）第一次取样检测。培养4～5天（使用前3天）进行第一次取样，分别接培养皿、栽培包做培养试验，进行镜检观察菌丝体锁状联合、是否有杂菌。如培养试验、镜检发现杂菌即终止培养；如检测结果正常，继续培养。

（2）第二次取样检测。在使用当天进行第二次取样镜检，结合感官检查，结果正常方可使用，如果有杂菌则不能使用。